插图本中国建筑雕塑史丛书

清代建筑雕塑史

史仲文 —— 丛书主编

宋建林 —— 主编

上海科学技术文献出版社

S Shanghai Scientific and Technological Literature Press

图书在版编目（CIP）数据

清代建筑雕塑史 / 史仲文主编 . 一上海：上海科学技术文献
出版社 ,2022

（插图本中国建筑雕塑史丛书）

ISBN 978-7-5439-8454-7

Ⅰ . ①清… Ⅱ . ①史… Ⅲ . ①古建筑—装饰雕塑—雕塑
史—中国—清代 Ⅳ . ① TU-852

中国版本图书馆 CIP 数据核字 (2021) 第 201470 号

策划编辑：张 树
责任编辑：付婷婷 张亚妮
封面设计：留白文化

清代建筑雕塑史
QINGDAI JIANZHU DIAOSUSHI
史仲文 丛书主编 宋建林 主编
出版发行：上海科学技术文献出版社
地 址：上海市长乐路 746 号
邮政编码：200040
经 销：全国新华书店
印 刷：商务印书馆上海印刷有限公司
开 本：720mm×1000mm 1/16
印 张：15
字 数：223 000
版 次：2022 年 1 月第 1 版 2022 年 1 月第 1 次印刷
书 号：ISBN 978-7-5439-8454-7
定 价：98.00 元
http://www.sstlp.com

目录

清代建筑雕塑史

清代建筑雕塑史

QING DAI JIAN ZHU DIAO SU SHI

宋建林

第一章

概　述

第一节
清代建筑雕塑的发展概况

>>>

　　明万历四十四年（1616），努尔哈赤统一女真（满族的前身）后，在赫图阿拉（今辽宁新宾满族自治县内）建立地方割据政权——后金。明崇祯九年（1636），皇太极登皇帝位，改国号为清，形成与明王朝对峙的局面。顺治元年（1644），满洲八旗劲旅趁李自成的大顺军立足未稳，如飓风之势扑向北京城，夺取农民革命的胜利果实，建立清朝。清军入关后，先后剿灭李自成和张献忠领导的农民起义军，平定南明小朝廷，实现对中国的统一。康熙、雍正、乾隆时期，社会经济得到恢复和发展，出现百余年的繁荣景象，有"康乾盛世"之誉。嘉庆、道光年间，阶级矛盾和民族矛盾日趋激化，农民起义此起彼伏，使清王朝的统治由盛转衰。1840年鸦片战争后，西方资本主义用炮舰打开古老中国的大门，使中国逐步变为半殖民地、半封建社会。1911年孙中山领导的辛亥革命推翻清王朝，结束了中国长达两千多年的封建帝制。

清代建筑艺术，沿着中国古代艺术传统继续向前发展，特别是在康、乾时期曾闪耀璀璨光彩，成为中国古代建筑史上的最后一个高峰。

清代的宫殿建筑承袭明代的传统，只进行局部的修筑和增建。入关前，清太祖努尔哈赤在沈阳城营建宫殿，时称盛京宫殿（沈阳故宫）。定都北京的初期，顺治帝限于国力，只对紫禁城内毁坏的建筑进行了修复，并无大规模扩建工程。康熙年间，随着社会的安定、国家的统一，开始大规模营修宫殿，至乾隆时期达到高潮。清代对紫禁城中的重要建筑，如外朝三大殿、内廷后三宫等都进行了重建或增建，但最重要的增建是乾隆三十七年（1772）在东六宫东侧建造的宁寿宫建筑群。

清入关后，全面继承中国古代传统的宗法礼制，格外重视郊祀之礼，以神化皇权，维护封建统治。清代皇家坛庙建筑基本沿用明制，对北京天坛、地坛、太庙、社稷坛等进行重修或增建。祭祀山川的神庙，如五岳庙、五镇庙，祭祀圣贤的祠庙，如山东曲阜孔庙，清代都在前代规模的基础上进行重修或扩建；而毁后重建的名人祠，如湖南汨罗市屈子祠、四川成都市武侯祠、陕西留坝县张良庙等，其建筑规模和艺术水平，令人赞不绝口。

清代帝王陵寝，从建陵年代和地理位置，可分为清初关外三陵、清东陵、清西陵等三处陵区。清初关外三陵虽然比较简朴，却以其独特的建筑风格，城堡式的建筑布局而引人注目。清东陵和西陵，基本承袭明陵的布局与形式，但明代实行帝后合葬，清代后妃死后在帝陵旁另建皇后陵和妃园寝，清代将明代的祾恩殿改称隆恩殿，将宝顶形状由圆形改为前方后圆形，可谓明、清两代陵寝之区别。

中国传统的佛寺、道观等宗教建筑，在唐、宋时期达到鼎盛阶段后，自明代开始走向衰落。清代时佛寺的建筑格局已定型，佛教建筑艺

| 沈阳故宫 |

△ 沈阳故宫，又称盛京皇宫，为清朝初期的皇宫。沈阳故宫按照建筑布局和建造先后，可以分为三个部分：东路、中路和西路。东路包括努尔哈赤时期建造的大政殿与十王亭，是皇帝举行大典和八旗大臣办公的地方。中路为清太宗时期续建，是皇帝进行政治活动和后妃居住的场所。西路则是清朝皇帝"东巡"盛京时，读书看戏和存放《四库全书》的场所。在建筑艺术上承袭了中国古代建筑传统，集汉、满、蒙古族建筑艺术为一体，具有很高的历史和艺术价值。

术高度成熟。清入主中原后，为巩固国家的统一，对蒙、藏等民族采取怀柔政策，在西藏、内蒙古、甘肃、青海、四川等地建造许多藏传佛教寺。清代宗教政策的总体趋势是重佛抑道，清朝诸帝对道教没有表示过分尊崇，因此，清代道教建筑日趋衰落。然而，由于道教在民间有广泛影响，道教宫观的重建或扩建，遍及全国各地。现存许多道教宫观为清代重建，如北京白云观、成都青羊宫、苏州玄妙观等。清代，中国境内已有回、维吾尔、哈萨克等 10 个民族信仰伊斯兰教，清真寺在内地回族聚居区和新疆地区都得到广泛发展。

清代的园林建筑获得空前的繁荣与发展。清初，为巩固和稳定新的王朝，没有大规模建造皇家园林，只是对北京皇城的北海、中海、南海等进行改建。随着"康乾盛世"的出现，自康熙二十九年（1690）建畅春园，至乾隆年间出现规模空前的造园高潮，相继营建北京西郊著名的"三山五园"和承德避暑山庄。嘉庆、道光以后，皇家园林呈现衰落趋势。咸丰十年（1860），英法联军先后两次焚烧圆明园。清漪园、静明园、静宜园也难逃被侵略军焚掠的厄运。光绪年间，慈禧太后在清漪园旧址上重建的颐和园，被誉为"皇家园林博物馆"。清代私家园林形成北京园林、江南园林、岭南园林三大地方风格，北京的恭王府花园、半亩园，苏州的留园、网师园、环秀山庄，扬州的瘦西湖、个园、寄啸山庄，岭南的清晖园、余荫山房、可园等，堪称一代典范。与前代不同，清代园林建筑开始吸收西洋建筑技法，使园林风貌更加丰富多彩，如圆明园的西洋楼、岭南园林的布局和装饰等。

中国现存的传统民居，除少量的属明代遗物，其余的都是清代建造的。清代民居在继承中国传统民居的基础上，在民居的规模、造型及审美情趣等方面，都发生许多新的变化，表现鲜明的地域性和时代性。

清代的雕塑主要有陵墓石雕、寺庙神像雕塑，以及宫殿、王府、寺庙、衙署、豪邸门前的雕刻装饰。清陵大多设置石像生，但数目多少不一，规制不甚严格。泰陵神道南端矗立三座巍峨壮观的石牌坊，与北面的大红门构成一个宽阔的广场，这样的布局别具一格，为陵墓建筑史上的孤例。清代宗教雕塑已失去唐、宋时期的灿烂辉煌，日益走向衰落。在朝廷官府直接控制下所产生的宗教雕塑作品，虽然规模浩大，材料昂贵，但大多缺乏内在的神韵，流于程式化和定型化。清代民居建筑装饰工艺得到蓬勃发展，涌现出东阳木雕、徽州砖雕等精美的装饰艺术，为各地民居增添鲜明的地方特色。

北京故宫

⏶ 北京故宫是中国明清两代的皇家宫殿，旧称紫禁城，位于北京中轴线的中心。北京故宫以三大殿为中心，占地面积约 72 万平方米，建筑面积约 15 万平方米，有大小宫殿七十多座，房屋 9 000 余间。北京故宫是世界上现存规模最大、保存最为完整的木质结构古建筑。

第二节

清代建筑雕塑的艺术成就

>>>

从整体上说，清代建筑与雕塑艺术已失去秦汉、唐宋时期那种恢宏的气势和蓬勃向上的生命力，更注重对前代的刻意模仿，追求精美华丽的艺术风格。即使是成就斐然的皇家园林建筑，也失去汉、唐时期的宏伟气势，而把"芥子纳须弥"作为造园空间的基本原则，更注重园林建筑的精益求精。然而，作为中国封建社会的最后一个王朝，清代又是一个集大成的时代。清代的建筑和雕塑，在全面继承中国古代文化传统的基础上，也取得了辉煌的艺术成就，特别是园林建筑和宗教建筑，在中国古代建筑和雕塑史上，放射出绚丽的晚霞。

清太祖努尔哈赤在沈阳营建的宫殿，作为清朝开国之初的皇宫，反映了清代多民族统一国家在发展过程中，满、汉、蒙、藏各族文化在建筑艺术上的交流与融合。尽管它在规模上远逊于北京紫禁城，却以其浓郁的地方特色和鲜明的满族建筑风格，在中国古代宫殿建筑中占据一席之位。康熙至乾隆时期，经济繁荣，国力强盛，便对紫禁城进行大规模的重建和改建。现存外朝三大殿、内廷后三宫等宫殿建筑，均为清代重建。乾隆三十七年（1772）增建的宁寿宫，是供乾隆退位做太上皇时居住的一组自成体系的宫殿建筑群，包括宁寿宫、皇极殿、养性殿、乐寿堂等宫院。其他较重要的改建和增建，还有在文华殿后建文渊阁，在内廷东路改弘孝殿、神霄殿为斋宫、毓庆宫等。清定都北京后，对王公府第的建筑规模和形制做出详细规定，并在北京内城大兴土木，营建大批王府。王府建筑的规模和等级仅次于皇宫，以其严整有序的建筑布局、豪华精美的彩绘雕饰，在古代建筑史上独树一帜。北京现存的清代王府，如恭亲王府、顺承郡王府、礼亲王府等，明显体现出王府建筑的特色。

清初三陵中的福陵，是清朝创始人清太祖努尔哈赤的陵寝。福陵的建筑布局深受汉族帝王陵墓形制的影响，与初期的永陵有明显区别。但福陵仍保持鲜明的满族建筑特色，位于沈阳东郊的福陵设置在山腰，方城四周环绕高大的城墙，形成防御性极强的城堡式山陵，这与入关后的清东陵和西陵迥然相异。作为清朝建立后的第一座帝陵，沈阳北郊的昭陵比福陵在建筑艺术上更加成熟，尤以精美的陵墓雕塑而为人瞩目。昭陵正红门外的青石牌坊，雕工精细，气势雄伟；额枋上雕饰的各种植物、动物图案，造型生动，形象逼真。河北的清东陵和西陵，规模宏大、体系完整，充分显示皇家建筑的艺术水平。乾隆的裕陵，虽然规模略小于顺治的孝陵，但建筑之华美，工艺之精湛，居清陵之冠。裕陵地宫精美绝伦的石雕艺术，远远超过明十三陵中定陵地宫，堪称清陵装饰

┃恭亲王府┃

🔺 恭亲王府位于北京市西城区柳荫街，咸丰元年（1851）清廷赐封此宅邸于恭亲王爱新觉罗·奕䜣，恭王府的名称也因此得来。

┃清福陵┃

🔺 清福陵，又称沈阳东陵，位于沈阳东郊的东陵公园内，是清太祖努尔哈赤的陵墓，因地处沈阳东郊，故又称东陵，为盛京三陵之一。

雕刻的杰出代表。裕陵地宫的四壁、券顶、石门等处，布满各式各样佛教题材的石雕和图案，就连门楼上也雕刻仿木结构的斗拱、瓦拢、出檐、吻兽等。清陵地面建筑雕刻艺术，以慈禧的普陀峪定东陵最为精致。隆恩殿及东西配殿内壁砖雕贴金的精美图案，以及斗拱、梁枋、天花板的贴金装饰，在清陵中绝无仅有。隆恩殿前龙凤彩石上的"凤引龙"图案，更是独出心裁。道光慕陵的木雕装饰，在清陵中格外引人注目。光绪崇陵在清陵中规模较小，亦无神功圣德碑楼、石像生等建筑，但吸收了西洋的建筑技术，建有相当完善的排水系统。

清代宗教建筑艺术的成就，主要表现在西藏、青海、内蒙古、甘肃等地藏传佛教艺术的卓越创造。自清初至乾隆盛世，在各地相继建造许多富有民族特色的宗教建筑，如拉萨布达拉宫、甘肃拉卜楞寺、内蒙古席力图召、北京雍和宫、承德外八庙、新疆苏公塔礼拜寺、云南景真八角亭等。这些奇妙辉煌的宗教建筑，显示了各民族高超的建筑技巧和独特的艺术风格。布达拉宫是一座典型的藏传佛教寺，集中反映了西藏建筑的艺术特色。拉卜楞寺是藏传佛教六大寺院之一，以巍峨壮观的大金瓦殿最为著称。殿为六层宫殿式建筑，殿顶覆鎏金铜瓦，屋脊装饰鎏金铜狮、铜龙、铜宝瓶等，金光灿烂，富丽堂皇。蒙古族佛寺的建筑形制与藏族藏传佛教寺有质的区别，除在寺院设置大经堂外，基本沿用汉族地区佛寺的建筑布局，这在席力图召得到典型体现。以西藏扎什伦布寺为蓝本的内蒙古五当召，则是一座纯藏式建造的蒙古族佛寺建筑。清代内地藏传佛教寺中，最具代表性的是北京雍和宫和承德外八庙。雍和宫作为一座由王府改建的藏传佛教寺，在原有宫殿式建筑基础上，增加了明显的藏、蒙、满等民族建筑的不同风格。外八庙在建筑布局、造型、装饰等方面，以汉族传统宫殿建筑为基调，吸收蒙、藏、维等民族建筑的风格和手法，成为各民族建筑文化相融合的典范。这组规模宏大的宗教建筑群，是"康乾盛世"建筑艺术辉煌成就的重要标志。此后，清王朝日益衰败，再无能力建造如此规模的宗教建筑。

清代，当传统的佛教雕塑处于停滞不前状态时，藏传佛教雕塑却异军突起，在佛教寺庙和造像中占据重要地位。在布达拉宫、拉卜楞寺、雍和宫等著名的藏传佛教寺中，供奉大量金银铜造像、木雕佛像和泥塑佛像，有许多为清代雕塑艺术的精品之作。雍和宫的"木雕三绝"，堪称清代佛教雕塑的代表作。外八庙的藏传佛教造像，以普宁寺大乘之阁的千手千眼观音像最为著称。布达拉宫佛教造像多达 20 万尊，工艺精湛，装饰华丽，雕镂精细，不愧为佛教雕塑的艺术宝库。塑有 500 罗汉的罗汉堂在清代佛寺中十分普遍，如北京碧云寺、四川新都宝光寺、云南昆明筇竹寺等，尤以筇竹寺的 500 罗汉艺术价值最高。清代佛塔雕刻技艺精湛，造型秀丽，艺术风格比明代更加纤巧细腻，如碧云寺金刚宝座塔、勐海佛塔、西黄寺清净化城塔，均为典型实例。清代道教雕塑比明代逊色得多。在遍布各地的道教宫观、庙宇中，道教造像不过是人间各级统治者形象的改头换面，他们经过宗教的神圣化而成为人们顶礼膜拜的偶像。当佛教石窟雕塑在清代已基本绝迹的情况下，湖南大庸县（现张家界市）玉皇洞道教石窟雕塑，却以其独特的艺术风格在中国雕塑史上写下引人注目的一笔。

清代建筑艺术的主要成就表现在园林建筑方面。清代，在全国各地建造了大量园林，其数量之多，规模之大，内容之丰富，建筑之精美，是历史上任何时代所无法比拟的。皇家园林继承中国古典园林的传统，大多沿用"一池三山"的创作模式，在园林中划分景区，设置景点，同时也吸收江南园林的布局、结构和风韵，甚至将各地名胜和名园移植到园内，把中国古典造园艺术和园林建筑艺术推向登峰造极的地步。这些特点，在被誉为一代名园的圆明园、颐和园、承德避暑山庄中，得到明显体现。私家园林发展到清代，以其精湛的造园技巧、浓郁的诗情画意和高雅的艺术格调，成为中国古代园林史上的最后一个高峰。北京私家园林一般规模较大，园林建筑体形高大，装饰华丽，建筑布局多采用封闭的四合院并注重中轴对称。北京私家园林的园主大多为皇亲国戚、达官显宦，因此，王府花园成为北京私家园林的一个特殊类型。王府花园从总体布局到叠山理水、建筑形式，甚至内部装饰，都模仿皇家园林，具有更多的华靡色彩。

康熙、乾隆的多次南巡，使江南继明中叶兴起的造园高潮后，再次掀起新的造园高潮，在扬州、苏州、南京、杭州等地涌现众多的私家名园。仅扬州沿瘦西湖至平山堂，私家宅园就有百余处，出现"楼台画舫

香山碧云寺罗汉堂

碧云寺位于北京海淀区香山公园北侧，西山余脉聚宝山东麓，是一组布局紧凑、保存完好的园林式寺庙。创建于元至顺二年（1331），后经明、清扩建。寺坐西朝东，占地4 000多平方米，依山而建，殿宇错落有致。中路共有六进院落，山门、弥勒殿、释迦牟尼殿、菩萨殿、中山堂、金刚宝座塔坐落于中轴线上，左右有配殿、厢房等建筑。寺南侧有罗汉堂，寺北侧有水泉院。

十里不断"的繁荣景象。江南园林大多采取自然山水园的形式，在园中凿池堆山，莳花栽树，并结合各种建筑的布局经营，因势随形，将山石池水、亭台楼阁、墙垣曲廊等巧妙安排在有限的园林空间，使人身居城市而得山水林泉之野趣。园林建筑的形式玲珑轻盈，造型变化多端，并配以素雅的灰砖青瓦、白粉墙垣，创造诗情画意的园林景观。清中叶后，岭南园林得到迅猛发展，在建筑布局、空间组织、叠山理水、花木配置等方面形成独特的风格。岭南园林建筑高敞通透，具有良好的通风条件，以装修典雅、色彩艳丽、做工精致而见长。清末，岭南园林明显受到西方建筑风格的影响，如彩色玻璃窗花、罗马式拱形门窗等。

清代建筑雕塑史

| 颐和园 |

🔺 颐和园，中国清朝时期皇家园林，前身为清漪园，坐落在北京西郊，是以昆明湖、万寿山为基址，以杭州西湖为蓝本，汲取江南园林的设计手法而建成的一座大型山水园林，也是保存最完整的一座皇家行宫御苑，被誉为"皇家园林博物馆"。

　　清代民居在继承中国传统民居的基础上，得到突飞猛进的发展。民居建筑出现二三层的楼房，福建、安徽、广东等地的住宅有高达三四层的。官僚、富商对享受生活的追求，大批宅院的建造，刺激了民居建筑的发展。这些大型住宅建筑质量较高，布局严整，装饰精美，超过以往任何时期。晋中地区清代宅院，即为典型实例。中国各民族各自不同的自然地理条件和社会生产力、生活习俗、宗教信仰等社会因素的种种差异，使清代民居建筑的类型千差万别、丰富多彩。北京的四合院、福建的土楼、云南的一颗印、苏州的园林宅院、西南地区的干阑、黄土高原的窑洞、蒙古草原的毡包、西藏的碉房、新疆的阿以旺等各具特色的民居建筑，犹如五彩缤纷、千姿百态的花朵，开放在中华大地上。

宫殿与坛庙建筑

第一节

宫殿建筑

>>>

　　宫殿是封建帝王听政和居住的场所，是国家的权力中心。秦阿房宫、汉未央宫、唐大明宫、明北京紫禁城，这些宏伟壮丽的宫殿，象征着封建王朝的强盛和帝王至高无上的威势。因此，宫殿建筑往往成为各个历史时期建筑艺术水平的集中体现。

　　清代在宫殿建筑上用力不多。清入关前，在沈阳营建皇宫；清入关后，仍以北京为都城，并沿用明代宫殿，只作局部修筑和增建。明清故宫成为中国现存最宏伟壮观的古代建筑群。

一、沈阳故宫

沈阳在唐代为沈州治；元初改称沈阳，建版筑土城；明代改建为砖城，称沈阳中卫城。后金天命十年（1625），清太祖努尔哈赤自辽阳迁都沈阳后，开始大规模扩建沈阳城，并营建宫殿，时称"盛京宫殿"。清崇德元年（1636），皇太极在此登基称帝，改国号为"清"。清入关定都北京后，沈阳故宫成为留都宫殿，受到妥善保护。经康熙、乾隆两朝的增建，沈阳故宫基本定型，成为一座完整的宫殿建筑群。康熙、乾隆、嘉庆、道光诸帝先后 10 次东巡祭陵，均入宫驻跸，并在此举行盛大的庆典活动。

（一）宫殿布局

沈阳故宫占地 6 万多平方米，有房屋 300 余间，组成 10 多个院落，四周围绕高大的宫墙。在建筑规模上，虽然远逊于北京故宫，但因当初建造时有意模仿明宫殿，所以整座皇宫楼阁耸立，殿宇巍峨，颇具皇家气派。宫殿布局分为三大部分，即以崇政殿为主体的中路，以大政殿为主体的东路和以文溯阁为主体的西路。

| 沈阳故宫文溯阁 |

东路是一座狭长的大院，以居于北端的大政殿为中心，南面东西两侧分列5座方亭，构成一组完整的建筑群。大政殿，原名大衙门、笃慕殿，始建于后金天命十年至十一年（1625—1626），是努尔哈赤时期举行大典的地方，也是宫内最早的一座宫殿。皇太极时改为现名。大政殿形制仿辽阳八角殿，建在边长各9米、高1.5米的须弥台基上，八角形外檐用24根圆柱支撑，殿顶覆黄琉璃瓦，镶绿剪边，垂脊饰有五彩琉璃蒙古力士，中为宝瓶火焰珠攒尖顶。殿正门有一对精美的金龙蟠柱，龙首上翘，两前爪伸扬柱外，绕至檐下。大政殿两侧呈八字形布置的十王亭，是两位翼王和八位旗王处理政务的场所。10座方亭排列次序是：东边自北向南为左翼王亭、镶黄旗亭、正白旗亭、镶白旗亭、正蓝旗亭；西边自北向南为右翼王亭、正黄旗亭、正红旗亭、镶红旗亭、镶蓝旗亭。

中路为皇宫主体，南起大清门，北止清宁宫，整个建筑群沿用前朝后寝的布局形制。前朝的主体建筑崇政殿和大清门，始建于天聪元年至九年（1627—1635），均为面阔5间9檩硬山前后廊式建筑。南面的大清门是故宫的正门，临街而建。由大清门入宫，在广场的东、西两侧建有飞龙阁和翔凤阁，形成庄严肃穆的前院。大清门北面的崇政殿，是清太宗皇太极日常理政和朝会的金銮宝殿。殿顶覆黄琉璃瓦镶绿剪边，正脊两端排列造型精美的琉璃鸱吻。殿内正中有凸形凉亭式堂阶，阶前凸出部分的两根檐柱上各盘绕一条木雕金龙，龙首向下，龙尾上盘，与大政殿蟠柱上的金龙造型正好相反。金龙蟠柱之间设皇帝宝座，座后摆放贴金雕龙扇面大屏风。殿外须弥台基南北两端各置3组丹墀，正中是用不同色调的石质组成的二龙戏珠浮雕御阶。崇政殿的后面，东有师善斋，西有协中斋，与崇政殿一同构成中院。中院以北为内宫，是第三进院落——帝后生活区。内宫的门楼称凤凰楼，与崇政殿同时建造，为宫内早期建筑之一。楼高3层，歇山式屋顶，覆黄色琉璃瓦镶绿剪边，四周有围廊，底层明间辟门，直通清宁宫。凤凰楼是沈阳当时最高的建筑，登楼可观日出，"凤凰晓日"被喻为沈阳八景之一。内宫的5座寝宫均筑于高台之上，主体建筑清宁宫居中，左右排列关雎、麟趾、衍庆、永福等4座配宫。清宁宫始建于天聪元年（1627），面阔5间，硬

沈阳故宫凤凰楼

山前后廊式，覆黄琉璃瓦，饰绿剪边。东间为帝后寝室，西4间是皇室举行萨满教祭神活动的神堂。中路左右的东宫和西宫，是乾隆十一年（1746）增建的两组建筑。东宫建有颐和殿、介祉宫、敬典阁，西宫建有迪光殿、保极宫、继思斋和崇谟阁。各建筑间有甬道相通，两侧筑有高墙，各成院落，给人以"庭院深深深几许"的感受。大清门东面高台上的太庙，建于乾隆四十三年（1778）。

西路是乾隆时期增建的建筑群。主体建筑文溯阁始建于乾隆四十七年（1782），建筑式样仿宁波天一阁，专为收藏《四库全书》和《古今图书集成》而建。阁前有嘉荫堂，阁后有仰熙斋。嘉荫堂是皇帝看戏娱乐的场所，堂前建有戏台。仰熙斋为皇帝的书房。

（二）建筑特色

沈阳故宫作为清朝开国之初的皇宫，反映了清代多民族统一国家在发展过程中，满、汉、蒙、藏各族文化在建筑艺术上的融合。因此，它具有鲜明的建筑风格和特色，迥然相异于北京紫禁城。

沈阳故宫的早期建筑，既保持了入关前浓郁的地方色彩和鲜明的满族特色，又反映出接受汉族建筑文化后多民族建筑艺术的交流和融合。这在大政殿和十王亭中得到典型体现。大政殿是一座金碧辉煌的八角重檐式宫殿，其大屋顶、前后廊的建筑结构及斗拱、降龙藻井、雕梁画栋的形制，均采用汉族传统的建筑形式。但宫殿的须弥座式台基、殿顶瓦上的相轮和火焰珠、垂脊上的琉璃蒙古力士、殿内天花上的梵文装饰等，则属于蒙古族和藏传佛教的建筑艺术，而且运用得和谐得体。大殿耸出八角，象征满族八旗制度；殿堂门窗采用"斧头眼"木隔扇和窗户纸糊在窗棂外，则是满族传统的建筑装饰。殿前檐柱上造型生动的金龙缠绕柱身，是继承汉族建筑艺术的传统，以龙作为皇帝的象征。殿顶覆盖琉璃瓦，是中国古代建筑特有的装饰手法。明代宫殿全用黄琉璃瓦铺顶，以黄色为至尊，而沈阳故宫多用五彩琉璃，即黄瓦铺顶，绿瓦镶边，这沿袭了金、元宫殿建筑的装饰手法。大政殿两侧的十王亭，是清初君主议政的八旗制度在宫殿建筑上的体现。由努尔哈赤创立的八旗军，在征战中成为后金国强大的军事力量。因此，努尔哈赤每遇大事，都要在王殿两侧支八座帐幕，召集八旗王共商国是。迁都沈阳后，这种

清代建筑雕塑史

临时性的帐幕演变成固定的王亭排列在大政殿前。各亭均为边长10米的正方形，三面砌墙，正面辟隔扇门，周围出廊，角柱为圆形，檐枋呈方形，殿顶为歇山式，覆盖青瓦。这种出自八旗制度的建筑布局，是沈阳故宫独具的建筑特色。

沈阳故宫与北京紫禁城在宫殿建筑处置上的明显区别是，沈阳故宫的宫高殿低，紫禁城则是殿高宫低。紫禁城的外朝三大殿（太和殿、中和殿、保和殿）矗立在高8.13米的汉白玉台基上，形成一组气势雄伟壮观的建筑群，而内廷后三宫（乾清宫、交泰殿、坤宁宫）则位于平地院落之中，具有浓厚的生活气息。沈阳故宫则与此截然相反，殿堂基座很低，如大政殿的须弥台基仅高1.5米，而内宫的5座寝宫却筑在高3.8米的台基上，四周围以高墙，形成城堡式的帝后生活区。这种将皇家后宫建在高台上的做法，体现了满族喜好居高的传统生活习惯。满族的先人女真族长期生活在山区，以渔猎为生，纵马奔驰，追杀野兽。因此，将住宅建在高处，便于瞭望敌情，保障部落安全。肇始于长白山区的清人，不论是建州老营，还是赫图阿拉兴京城、辽阳东京城，都保持高台建筑的传统，把居住区建在高地之上。定都沈阳后，在宫殿中犹筑高台，正是山地民族的习惯在建筑中的反映。如当时沈阳城最高的建筑凤凰楼，就是典型的台上起楼。宫内遍地林立的楼阁，诸如肉楼、龙楼、凤楼、炭楼，崇政殿前的东、西7间楼，大清门西的9间转角楼等，均为高台建筑。

内宫的5座寝宫充分体现满族居住建筑的特点。正宫清宁宫为5间硬山式建筑，其建筑形式采用我国北方民族特有的形式——口袋房。为适应北方寒冷的气候，它由东数第二间开一门，其余4间相通，东面独辟暖阁作寝所，西4间为神堂，门的北面是锅台，门口设灶，沿灶与锅台间连接成"匚"形炕，称为万字炕。这种5间仅开一门的口袋式房屋，是寒冷的东北地区的常见住宅。吸收地方建筑特色而建造的口袋式宫——清宁宫，可谓中国古代宫殿建筑中罕见的实例。此外，后宫的保暖措施也独具特色，各宫内均铺设火炕，如关雎宫多达7铺炕面，就连暂时休息的翼门也设炕。在地面下砌烟道的火地，使热量通过铺地的方砖在室内散发，保持室内温暖与清洁无尘。

即使是宫中的附属建筑，也体现出满族特有的习俗。寝宫院内所竖祭天用的索伦杆，杆顶锡斗内盛谷米、碎肉以饲鸟雀，以及宫中别具一格的肉楼、熬蜜房、炭楼，都是清入关前的围猎习俗和饮食习惯在宫殿建筑中的反映。

二、紫禁城的增建

北京紫禁城是明、清两代的皇宫。明永乐四年至十八年（1406—1420），明成祖朱棣集中全国的物力和财力，征调各地的能工巧匠，仅用十几年的时间，就建成一座雄伟壮丽、金碧辉煌的皇宫。永乐十九年（1621），明成祖迁都北京，在奉天殿接受百官朝贺。此后，明朝有14位皇帝居住在这里。明崇祯十七年（1644）清军进京时，紫禁城已是满目疮痍，一片荒凉。顺治帝限于国力，只对宫内毁坏的建筑进行修复，并无增建。自康熙后期至乾隆时期，社会经济得到恢复，国力日渐强盛，便对紫禁城进行大规模的改建和增建。但紫禁城的基本格局是明代奠定的，清代的改建和增建，只是使这座庞大的宫殿建筑群更加完善。

外朝三大殿是紫禁城的主体建筑，清代均进行重建或改建。太和殿，明代初建时称奉天殿，嘉靖四十一年（1562）改称皇极殿，清顺治二年（1645）改为现名。明奉天殿面阔9间，进深5间，符合"九五为尊，帝王之居"的古制。康熙初年，著名工匠冯巧的弟子曾进行局部改建，把山墙推到山面下檐柱，使建筑外观呈为11间。其后，康熙三十四至三十七年（1695—1698）又进行大规模改建。大殿采用重檐庑殿顶，朱墙黄瓦，垂脊檐角装饰10个琉璃吻兽，为古建筑中的最高等级。殿内排列72根楠木巨柱，中间6根为沥粉贴金缠龙朱柱，正中平台上设皇帝专用的金漆雕龙宝座，宝座正中悬有精美的蟠龙藻井。大殿台基为高8.13米的汉白玉石座，四周环绕白玉栏杆，精雕云龙、云凤图案。殿前丹陛上，陈设着铜龟、铜鹤、铜鼎、日晷、嘉量，象征江山万代永固，皇帝万寿无疆。中和殿，明代初建时称华盖殿，嘉靖四十一年改称中极殿，万历四十二年（1615）焚毁后，由冯巧主持重建，清顺治二年改为现名中和殿。乾隆年间重建时，将原来的单檐攒尖顶圆殿改为方殿，平面呈正方形，边长24.15米，顶为鎏金宝顶，殿内雕刻金龙，极其精致华美。保和殿，明代初建时称谨身殿，嘉靖时改为建极

北京故宫太和殿

殿，清顺治二年始称现名。乾隆时重修，面阔9间，进深5间，重檐歇山顶。清代皇帝每年除夕在此宴请王公贵族。乾隆后期，殿试由太和殿改在保和殿举行。

出外朝三大殿，进乾清门即皇宫内廷。内廷主要建筑有后三宫及东西六宫、乾东西五所。乾清宫是内廷前殿。始建于明永乐十八年（1420），清嘉庆三年（1798）罹火后重建。殿面阔9间，进深5间，重檐庑殿顶。明代是皇帝的寝宫和处理日常事务的地方。清初沿明制，曾作为皇帝的寝宫，雍正后历代皇帝移居养心殿，这里改为皇帝办公之处。坤宁宫是内廷中轴线上最后一座宫殿，始建于明永乐十八年，清顺治十二年（1655）重建。明代这里是皇后的寝宫，清代皇后移居东西六宫后，改为祭神场所。外檐装修改为窗户纸糊在外的直棂吊搭窗，室内按沈阳清宁宫的格局修建，设万字形连炕，并将大门由明间改在东次间，内设煮肉的大锅，成为紫禁城内最具满族风俗的建筑。坤宁宫东暖阁是皇帝大婚的洞房，室内装饰多用红色，康熙、同治、光绪的婚礼均在此举行。位于乾清宫与坤宁宫之间的交泰殿，始建于明嘉靖年间（1522—1566），清嘉庆三年（1798）重建。殿平面正方形，单檐攒尖顶，覆黄琉璃瓦，鎏金圆形宝顶，形似中和殿而略小，是皇后升殿受贺的地方。顺治帝鉴于明代宦官专权之弊，特在殿内设一铁牌，上写"太监不准干预政事"。

清代对紫禁城最重要的增建，是在东六宫东侧建的一组自成体系的宫殿建筑群，包括宁寿宫、皇极殿、养性殿、乐寿堂等宫院。这组建筑改建于乾隆三十七年至四十一年（1772—1776），是乾隆帝准备归政后居住的地方。宁寿宫建筑群四面高墙环绕，分为前后两部分。前部建筑有宁寿门、皇极殿、宁寿宫，从殿前陈设、殿内宝座到殿外装饰，均仿乾清宫和坤宁宫的形制。后部建筑分为三路。中路依次为养性门、养性殿、乐寿堂、颐和轩、景棋阁，其中养性殿仿照养心殿形制。东路前有戏楼畅音阁和观戏殿阅是楼，后为庆寿堂、景福宫等殿堂。西路为宁寿宫花园，俗称乾隆花园，是乾隆帝为自己修建的小型宫廷园林。南北长

| 古华轩 |

古华轩是宁寿宫花园第一进院落的主体建筑。建于乾隆三十七年（1772），建成于乾隆四十一年（1776），轩为敞轩，坐北面南，正面悬挂乾隆帝御笔"古华轩"木匾。轩之内外还悬木雕龙匾4块，明间楹联一副，均是乾隆帝为轩前的百年古楸而题。倚树建轩，故名古华轩。

160 米，东西宽 37 米，占地 5 920 平方米。园内建筑布局采取分院串联式，景观各异，错综有致，间以逶迤的山石、精巧的游廊，使各院巧于变化，各具特色。其中，古华轩、禊赏亭、旭辉庭、遂初堂、萃赏楼、延趣楼、符望阁、竹香馆等建筑，典雅精致，别具一格，名称多与传统文化中的典故、轶事有关。

此外，清代较重要的改建和增建还包括在文华殿后建文渊阁，在仁智殿处建内务府，在内廷东路改弘孝殿、神霄殿为斋宫、毓庆宫，在内廷西路改乾西二所为重华宫、漱芳斋，改奉先殿为皇帝家庙等。咸丰至光绪年间，慈禧太后将西路的长春宫与启祥宫、储秀宫与翊坤宫打通，使明代按礼制"六寝六宫"之制建成的独立封闭的单元式院落连成四进庭院。

第二节
王府建筑

>>>

王府建筑是皇帝封赐给皇族的宫寝建筑。历朝对皇族的分封制度有所不同，或将皇族分封各地，把王府散置封藩地，或将皇族聚居京师，把王府集中在京城。因此，历朝王府建筑的规制、布局和规模，都有较大的差异。清朝建立后，坚持实行"建国之制不可行，分封之制不可废"的基本国策，制定一整套分封制度，对宗室子弟封王授爵，并对王府的建筑规制作出详细规定。

一、王府建筑规制

沈阳故宫大政殿两侧的十王亭，是清初君主议政的八旗制度在宫殿建筑上的典型反映。清朝开国之君努尔哈赤已建立封爵制度，将其次子代善等四人封为四大贝勒，辅佐自己执掌军政大权。崇德元年（1636），皇太极制定对宗室的分封制度，设立和硕亲王、多罗郡王、多罗贝勒、固山贝子、镇国公、辅国公、镇国将军、辅国将军、奉国将军等9等爵位，并对亲王的府第做出明确规定。《大清会典》对此有详细记述，如亲王府制"正屋一座，厢房二座，台基高十尺。内门一重，在台基之上。均绿瓦，门柱朱髹。大门一重，两层楼一座及其余房屋，均于平地建造。楼、大门用筒瓦，余屋用板瓦"；郡王府制"大门一重，正屋一座，厢房二座，台基高八尺。内门一重，在台基之上。正屋内门均绿瓦，门柱朱髹，厢房用筒瓦，余屋与亲王府同"；贝勒府制"大门一重，正屋一座，厢房二座，台基高六尺。内门一重，在台基之上。均筒瓦，门柱朱髹，余与郡王府同"。由此可见，清朝入关前建在盛京（今沈阳）的亲王府、郡王府、贝勒府，形制大同小异，基本上是一组四合院住宅，只是王府的规模有等级差别。

定都北京后，崇德年间的规定已不能满足王公贵族们的要求。他们大兴土木，营建府第，有人甚至置定制于不顾，随心所欲。如顺治四年（1647）郑亲王济尔哈朗建王府时，殿基逾制，又擅用龟鹤、铜狮等，被罚银2 000两。顺治九年（1652），对王公府第的建筑规模和形制重新修订，并宣布："王府营建，悉遵定制。如基址过高，或多盖房屋者，皆治以罪。"

据《大清会典》卷五十八载，修订的亲王府制是："正门五间，启门三，缭以崇垣，基高三尺。正殿七间，基高四尺五寸，翼楼各九间，前墀环以石栏，台基高七尺二寸。后殿五间，基高二尺。后寝七间，基高二尺五寸。后楼七间，基高尺有八寸，其屋五重。正殿设座，基高一尺五寸，广十一尺，后列屏三，高八尺，绘金云龙。凡正门殿寝均覆绿琉璃瓦，脊安吻兽，门柱丹腰，饰以五彩金云龙纹，禁雕刻龙首。压脊七种，门钉纵九横七，楼屋旁庑均用筒瓦。其府库仓廪、厨厩及典司执事之屋分列左右，皆板瓦，黑油门柱。"此外，对亲王世子府制、贝勒府制、贝子府制及镇国公、辅国公府制等，亦作基本规制。特别是对王府中轴线上的主要建筑，如殿寝的间数、基座高度、屋顶覆盖的瓦件与吻兽、油漆彩画的颜色与式样、压脊和门钉的数量等，均有明确规定。

所有王公府第在建造时，不得随意设置建筑物，更不许有逾制行为。否则，要受相应制裁，轻则罚银，重则夺爵。

二、王府建筑特色

在中国古代建筑类型中，王府建筑的规模和等级仅次于皇宫，以其严整有序的建筑布局、华丽精美的彩绘雕饰，在建筑史上独树一帜。

王府建筑是严格按照前朝后寝的形制布局的宏大建筑群。按王府建筑规制，在南北中轴线上对称均衡地设置门楼、殿堂、寝室、楼阁等建筑，主要殿寝都建在高大的台基上，四周围绕白石栏杆，配殿和廊庑分置左右，从而形成"庭院深深深几许"的建筑空间。整座王府以主殿——银安殿为中心规划布局，组成一座纵横交错、主次分明、高低相间、严整有序的建筑群体。银安殿是王爷召见群僚和举行盛典的场所，为王府中等级最高的建筑。殿多为歇山顶，檐下施5～7踩斗拱和

| 孝庄园　银安殿 |

龙锦彩画，亲王府7间，殿内可设座，郡王府5间。寝宫位于银安殿的北面，是王爷和福晋的居住区。寝宫院两侧建有配殿和朵殿，寝宫北面的院落正中，建有高两层的后罩楼。一般王府分为5进院落，每进院落根据其不同的使用功能和主体建筑的性质，在开间数量、台基高度、屋顶形式、彩绘瓦饰等方面，均有严格的等级规定。康熙六年（1667）建造的裕亲王府，是一座严格按照王府建筑规制建造的"标准王府"。据《康熙会典》的记载，其建筑布局是"大门一座五间，正殿一座七间，东西配楼两座，每座九间，左右顺山房两座，每座三间，牌坊一座，寝殿一座七间，抱厦五间，东西配殿两座，每座五间，南北厢房各两座，每座三间，后楼一座七间，随楼转房两座，每座八间"。

王府的主体建筑都有华丽精美的彩绘雕饰，借以显示王爷的高贵地位。乾隆年间建造的孚郡王府、怡亲王府，其大殿雀替头部呈圆形，施以重彩，与紫禁城宁寿宫的雀替颇为相似；天花圆光内描绘二龙戏珠贴金彩画，十分精美。清代王府建筑除龙凤和玺彩画外，其他各种彩画均可使用。因此，王府殿寝各式各样雕饰精美、色彩艳丽的图案，把王府装饰得富丽堂皇，异彩纷呈，处处显示高贵豪华的贵族气派。

清代王府除前朝后寝的建筑群体，大都建造一定规模的府园。王府府园一般大于官僚贵戚的宅园，有些甚至出自造园名家之手，如郑亲王府惠园，传为著名戏曲家李笠翁建造。这些府园是王府建筑的有机组成部分，具有较高的艺术价值。

三、王府建筑实例

清朝的王府建筑集中在北京内城。乾隆初年绘制的《京城全图》标识的辅国公以上的府第有42处，《啸亭续录》记载自顺治至嘉庆年间，北京城王公府第多达89处。北京的王府建筑，现存比较完整的尚有10余处，如礼亲王府、恭亲王府、顺承郡王府、摄政王府、怡亲王府、孚郡王府、循郡王府等。

（一）礼亲王府

第一代和硕礼亲王代善是清太祖努尔哈赤第二子，四大贝勒之一，因战功卓著，清初被封为世袭罔替的六亲王之一。康熙年间，代善之孙杰书袭封后在此建王府。嘉庆十二年（1870）焚毁后，由世袭王昭梿集资重建。王府占地 100 多亩（1 亩 ≈ 666.67 平方米），位于西安门南。最初东临西皇城根，南到东斜街大酱房胡同，西靠缸瓦市，北至板场胡同。府邸遵循王府建筑规制，主要建筑设置在南北中轴线上，分为前殿与后寝两大部分。前殿有正门、银安殿和翼楼、后殿和配殿等建筑，规模宏大，富丽堂皇。自二道门起为后寝部分，排列着寝宫、厢房和后罩楼。

（二）顺承郡王府

顺承郡王府在西城区太平桥大街路西。第一代多罗顺承郡王勒克德浑是礼亲王代善第三子萨哈璘之子。顺治五年（1648），勒克德浑因战功卓著，封为顺承郡王，在此建王府。府邸建筑布局分东、西、中 3 路。东西为两跨院。中路为主要建筑，有正门、银安殿和翼楼、后殿、后寝等。

（三）恭王府

恭王府是道光帝第六子恭亲王奕䜣的府第，坐落在风景秀丽的什刹海西岸。其前身为乾隆时大学士和珅的府第。嘉庆四年（1799）和珅获罪，嘉庆帝将这座府第赐予其弟僖亲王永璘，称为庆王府。咸丰元年（1851），咸丰帝封其弟奕䜣为恭亲王，并将庆王府赐予奕䜣。次年，奕䜣迁入后改称恭王府。

恭王府建筑分府邸和花园两部分。府邸占地 46.5 亩，分中、东、西 3 组建筑群，由多进四合院组成。中路建筑遵循王府规制，以正殿银安殿和后殿嘉乐堂为主，气势雄伟，规模壮观。大门前设石狮一对。大门面阔 3 间，左右各接 3 间耳房，形成东西连成 9 间的正门。银安殿及东西配殿位于二门内，已于民国年间焚毁，现仅存高大的殿基。嘉乐堂位于银安殿北面，面阔 5 间，硬山顶，覆绿琉璃瓦。东路建筑有三进院落，采用小五架梁式，为明代建筑风格。中院正厅名多福轩，是恭亲王起居会客的场所，面阔 5 间，硬山顶，覆绿琉璃瓦。后院正堂名乐道堂，面阔 5 间，卷棚硬山顶，覆绿琉璃瓦。西路建筑为王府住宅部分，以锡晋斋为主，院宇宏大，廊庑周接，颇为气派。西路正厅名葆光室。厅后是一座幽静的院落，垂花门上悬"天香庭院"匾额，院内遍植翠竹、海棠。正堂锡晋斋坐落在最北端，面阔 7 间，后出抱厦 5 间，平面

呈凸字形。斋内有雕饰精美的楠木碧纱橱、槛窗、栏杆等，隔断式样仿紫禁城宁寿宫，用楠木间隔，进深宽大，退间宏敞，设计精巧，为府中最华贵的建筑。当年和珅罪状第十三款中所说"所盖楠木房屋，僭侈逾制，隔断式样，皆仿宁寿宫制度"即指锡晋斋而言。府邸最北面的后罩楼，东西长160米，高2层，有50余间房，曾以木假山作楼梯。楼上东西各悬一匾，东曰瞻霁楼，西曰宝约楼。后罩楼气势雄伟，为北京王府中之仅有者。府邸的北面为花园，园中曲廊亭榭、叠石假山、池塘花木，布局紧凑精致。

恭王府建筑群主次分明，井然有序，富丽堂皇，雄伟壮观，堪称清代王府建筑的优秀实例。在北京现存王府中，它是布置最精致，保存最完整的一座。

（四）摄政王府

摄政王府是醇亲王奕譞的新府，位于西城区后海北岸。奕譞是道光帝第七子，咸丰九年（1859）封为醇郡王，同治十一年（1872）晋封醇亲王。同治十三年（1874）同治帝死后，奕譞次子载湉入继咸丰帝为嗣子，继承帝位，年号光绪。位于太平湖的醇王府为光绪帝的潜龙邸（诞生地），根据清代制度此府不能再为他人居住，应予返缴，遂迁府于后海北岸。新府原为康熙时大学士明珠的故第，嘉庆时赐成亲王永瑆，因成亲王不是世袭罔替，传至贝子毓橚时由内务府将府邸收回，于光绪十五年（1889）转赐醇亲王奕譞。奕譞死后，其子载沣袭爵，成为第二代醇亲王。光绪帝死后，由载沣之子溥仪即位称帝，载沣被任命为监国摄政王，府第改称摄政王府。

王府建筑规模宏伟，富丽堂皇，分为府邸和花园两大部分。府邸遵循王府建筑规制，自外垣门起依次为正门、大殿和两侧翼楼、后殿、后寝、后楼。正门面阔5间，覆盖绿琉璃瓦，四周有群房20余间。银安殿面阔5间，东西各建配殿5间。银安殿北面为神殿、遗念殿及佛堂。后寝由宝翰堂、九思堂、思谦堂等3个院落及东跨院的任真堂、树滋堂、信果堂组成。前院宝翰堂是载沣的外客厅及书房，有北房5间，东西耳房各2间，东西厢房各5间。中院九思堂是后寝的正院，院为正方形，十分宽敞，东边有牡丹池，西边有藤萝架。后院思谦堂为居住之所。花园的主要建筑有恩波亭、畅襟斋、听鹂轩、观花室等，园内湖水环绕，山石错落，花木成荫，绿草如茵。

第三节

坛庙建筑

>>>

坛庙是中国古代的祭祀建筑。坛是用来对天、地、日、月等自然神进行祭祀的台型建筑；庙是对祖先或圣贤进行祭祀的礼制建筑。清朝入关后，全面继承中国古代传统的宗法礼制，十分重视郊祀之礼，以神化皇权，维护封建统治。

为举行祭祀活动，清代除对前代坛庙建筑进行大规模重修和扩建，还在全国各地建造许多新的坛庙建筑。皇家坛庙建筑，如北京天坛、地坛、日坛、月坛、太庙、社稷坛等，清代基本沿用明制，没有进行大规模扩建。祭祀山川的神庙，如五岳庙、五镇庙等，祭祀圣贤的祠庙，如曲阜孔庙、邹县孟庙等，经过清代的重修或扩建，始成今日之规模。名人祠庙，如毁后在清代重建的湖南汨罗市屈子祠、陕西留坝县张良庙、四川成都市武侯祠等，其建筑规模和艺术水平令人瞩目。祭祀祖先的宗祠，如清末建造的广州陈家祠堂，以富丽堂皇的建筑工艺和装饰而闻名于世。

一、文庙

文庙，又称孔庙，是中国古代祭祀儒家创始人孔子的祠庙建筑。自汉代起，开始在孔子故居山东曲阜阙里大规模兴建孔庙。此后，历代王朝不断加以扩建。宋代以后，各省、府、县均以曲阜孔庙为典范建造文庙，使文庙成为中国古代影响最大、最具地方特色的祠庙建筑。

（一）曲阜孔庙

曲阜孔庙在全国孔庙中首屈一指，是中国古代规模最宏大，建筑最精美的祠庙建筑。自东汉永兴元年（153）汉桓帝刘志敕建孔庙后，历朝多有修建。据统计，清代重修孔庙多达14次。清雍正二年（1724）孔庙毁于雷火，雍正帝除亲自到太庙祭祀外，又"发帑金令大臣等督工监修，凡殿庑制度规模，以至祭品仪物，皆令绘图呈览，亲为指授"。经过6年的施工，耗银15.76万两，使孔庙焕然一新，形成目前这样规模宏大的建筑群。这座大型的祠庙建筑，与北京紫禁城、承德避暑山庄并称为中国三大古建筑群。

曲阜孔庙占地近10公顷，南北长630米，东西宽145米，由9进院落组成，在南北中轴线上排列着奎文阁、大成门、大成殿、寝殿、圣迹殿等主要建筑群，在大成殿两侧的次要轴线上布置有诗礼堂、崇圣祠、家庙、金丝堂、启圣殿等建筑。整座孔庙建筑群，布局严谨，巍峨壮丽，金碧辉煌，宛如帝王宫殿。大成殿是孔庙雄伟壮观的主殿，始建于北宋天禧元年（1017），明弘治十三年（1500）重建，清雍正二年再建成现状。殿建在两层石砌高台上，面阔9间，进深5间，重檐歇山顶，覆黄色琉璃瓦。最具特色的是，四周廊下环立28根高6米的雕龙石柱，前檐的10根刻有上下对舞的双龙戏珠，为中国古代建筑雕刻中罕见的艺术珍品。殿前"大成殿"竖匾为雍正帝手书，字径1米。这座气势雄伟、巍峨壮观的大殿，与紫禁城太和殿、泰山岱庙天贶殿并称为东方三大殿。其他重要建筑，如启圣殿、寝殿、两庑、金丝堂等，均为雍正年间重建。奎文阁后的庭院中矗立着13座碑亭，南八北五，成两行排列，专为保存唐宋以来帝王御制石碑而建。道北的5座碑亭建于清康熙、雍正、乾隆年间。道南的8座碑亭，除4座为金、元建筑，其余4座均为清代所建。最大的一幢石碑为康熙二十五年（1686）所立，碑

| 曲阜孔庙大成殿 |

重 35 吨，加上碑下的赑屃（bì xì，古代神话传说中龙之九子之一，形状如龟）、水盘，共重 65 吨。

（二）北京孔庙

清代以曲阜孔庙为楷模，在各地重建或新建一批孔庙，如北京孔庙、吉林文庙、福州孔庙、南京夫子庙等。

北京孔庙在建筑规模上仅次于曲阜孔庙，是元、明、清三代京都祭祀孔子的祠庙。始建于元大德六年（1302），元末庙毁，明永乐九年（1411）重建。清顺治、雍正年间进行大规模修建。乾隆二年（1737），各殿顶的青琉璃瓦改换成黄琉璃瓦，唯崇圣祠用绿琉璃瓦顶。经过这次重修，使得孔庙金碧辉煌，光彩耀目。光绪三十二年（1906）祭孔的礼节升为大祀后，再次进行大规模修缮，将大成殿由原来的 7 间 3 进，扩建为 9 间 5 进。殿为重檐庑殿顶，黄瓦朱甍，前面有汉白玉月台和台阶，四周围绕白石栏杆。殿正中供奉孔子牌位。殿内保存着一套完整的清代祭孔乐器，如编钟、磬、琴、瑟等，是研究中国古代祭祀礼仪和音乐的实物资料。

（三）南京夫子庙

南京夫子庙始建于北宋景祐元年（1034），时称文宣王庙。清代为上元县（后并入江宁县）和江宁县（现南京市江宁区）的县学。咸丰年间毁于兵火，同治八年（1869）重建。现存部分建筑，如明德堂、廊屋、照壁等，为清代重建时遗物。

（四）吉林文庙

吉林文庙始建于乾隆元年（1736），奉乾隆御旨所建。在南北中轴线上，依次排列着棂星门、大成门、大成殿、崇圣殿等主要建筑。大成门面阔 5 间，明柱单檐，覆黄琉璃瓦。大成殿建在高台基上，高 19.64 米，面阔 9 间，重檐歇山顶，覆黄琉璃瓦，殿内供奉孔子牌位。殿前建有月台，四周环绕汉白玉雕栏，下设云龙浮雕的石阶。崇圣殿面阔 7 间，单檐歇山顶，覆黄琉璃瓦。整座文庙巍峨壮观，金碧辉煌，堪称清代文庙建筑的典范。

| 南京夫子庙 |

🔺 南京夫子庙位于南京市秦淮区秦淮河北岸贡院街、江南贡院以西，地处夫子庙秦淮风光带核心区。是中国四大文庙之一，中国古代文化枢纽之地、金陵历史人文荟萃之地，不仅是明清时期南京的文教中心，同时也是居东南各省之冠的文教建筑群。

二、武庙

武庙，又称关帝庙，是纪念三国时蜀汉大将关羽的祠庙。关羽被列为国家正式祭典，始于宋代。北宋崇宁元年（1102），宋徽宗赵佶追封关羽为"忠惠公"，宣和五年（1123）又封"义勇武安王"，配祀于武成王姜太公。明万历三十三年（1605），明神宗朱翊钧敕封关羽为"三界伏魔大帝神威远镇天尊关圣帝君"，并令各地兴建关帝庙，加以供奉。清康熙五年（1666）敕封为"忠义神武灵佑仁勇威显关圣大帝"；雍正三年（1725）令各地郡邑立庙奉祀。于是，关羽俨然成为人神之首，与文圣孔子并驾齐驱而为武圣。清代，关羽的庙祀遍及全国，西藏和内蒙古也建有关帝庙，藏传佛教甚至将关帝奉为八部神之一。清赵翼《陔余丛考》记载："今且南极岭表，北极寒垣，凡儿童妇女，无有不震其威灵者。香火之盛，将与天地同不朽。"

（一）解州关帝庙

在全国各地众多的武庙中，最著名的是山西运城市解州关帝庙。这不仅因为它是所有武庙中规格最高、规模最大、建筑最精美、保存最完整的一处，而且因为它建在关羽的故乡。庙始建于隋开皇九年（589），后屡毁屡建，现存建筑为清康熙四十年（1701）重建。

庙内建筑分南北两部分。南部为结义园，有牌坊、君子亭、三义阁等建筑，园内桃木繁茂，颇有桃园三结义的情趣。北部为正庙，仿照宫殿建筑形式，分为前朝和后宫。在前朝的中轴线上，依次布置端门、雉门、午门、御书楼、崇宁殿等主要建筑，东西两侧配以石牌坊、木牌坊、钟鼓楼、崇圣祠、碑亭等附属建筑，布局严谨，主从分明，巍峨壮

解州关帝庙

观，气势雄伟。崇宁殿是奉祀关羽的主殿，面阔 5 间，进深 4 间，重檐歇山顶，周围建有回廊，廊上有 24 根雕镂精美的蟠龙石柱。殿内神龛塑身着帝王装的关羽坐像，上悬康熙手书"义炳乾坤"匾额。后宫建筑以"气肃千秋"牌坊为屏障，春秋楼为主体，两侧建有刀楼和印楼。春秋楼是全庙最高的建筑，高达 30 米，气势磅礴，雄伟壮丽。楼为两层三檐歇山顶，二层回廊由 36 根悬空柱与 108 扇扈门组成，分别代表晋地的 36 州府和 108 县，用以象征故乡百姓对关羽的崇敬与爱戴。春秋楼内设有暖阁，阁内塑关羽秉烛夜读《春秋》像。

（二）北山关帝庙

在清代兴建的武庙中，吉林北山关帝庙颇具代表性。庙始建于康熙四十年（1701），是北山建筑群中修建年代最早的一组建筑。整座庙宇依山而建，布局严谨，错落有致。正殿由神殿和卷棚组成。神殿为硬山陡脊单檐抬梁式砖木结构，面阔 3 间，殿堂正中供奉关羽塑像，两侧是关平、周仓配享。神殿悬挂的"灵著幽歧"匾额，为乾隆十九年（1754）乾隆帝东巡吉林时所书。卷棚为歇山挑檐木结构建筑，面阔 3 间，高大宽敞。正殿对面的戏台，悬挂"华夏正声"匾额。戏台两侧为钟楼和鼓楼。正殿东西两侧，分别为翥鹤轩和暂留轩，西南建有澄江阁。

三、神庙

中国古代在"天人合一"宇宙观影响下，认为天地、山川等自然物都各有其神，由他们支配着农作物的丰歉和人间的祸福，由此产生对天地、山川的崇拜活动，并设庙奉祀。其中，最著名的是奉祀泰山、华山、衡山、恒山、嵩山等五岳的神庙。清代对这些神庙进行大规模重建或修缮，如中岳庙、南岳庙。此外，清代还建有许多祭祀民间俗神的祠庙建筑，如药王庙、城隍庙、龙王庙、妈祖庙、土地庙等。

（一）中岳庙

中岳庙位于河南登封市 4 千米外的黄盖峰下。其前身为秦代建造的太室祠，北魏改称中岳庙，唐玄宗时迁于现址。中岳庙屡有废兴，经清乾隆年间数次修建，始成今日之规模。现存建筑的布局与乾隆《钦修中岳庙图》基本一致。在南北中轴线上，依次排列着中华门、遥参亭、天中阁、崇圣门、化三门、峻极门、中岳大殿、寝殿、御书楼等建筑。天中阁原为中岳庙大门，明嘉靖四十一年（1562）改建为阁，清代重修。阁建于高达8米的平台上，面阔5间，重檐庑殿顶，覆绿琉璃瓦。主殿中岳大殿在明崇祯十四年（1641）焚毁后，于清顺治十年（1653）重建。大殿面阔9间，进深5间，重檐庑殿顶，覆黄琉璃瓦。殿内装饰富丽堂皇，枋上绘有和玺彩画，正中天花悬挂精美的盘龙藻井。殿前设有宽敞的月台，台前出三陛，台基四周围以汉白玉栏杆。

中岳庙占地面积10万平方米，现存楼、阁、殿、台、廊等建筑400余间，是一座保存完整的神庙建筑。其总体布局轴线明确，层层递进，台台升高，充分体现以群体取胜的中国古代建筑的宏伟气势。

（二）南岳庙

南岳庙位于湖南衡山县衡山脚下的南岳镇。据《南岳志》载，唐初即封南岳神为"司天霍王"，唐高祖李渊派官员建司天霍王庙；唐开元十三年（725）封"南岳真君"后，建南岳真君祠。此后，历代多有扩

| 南岳庙 |

建。现存建筑为清光绪八年（1882）重建。南岳庙的规模与布局颇似北京紫禁城，是五岳神庙中规模最宏伟，布局最完整的宫殿式建筑群。庙占地9.85万平方米，共9进院落，由棂星门、奎星阁、正川门、御碑亭、嘉应门、御书楼、正殿、寝宫及东西廊房、四角楼等组成。南岳庙的建筑布局与其他岳庙类似，即通过众多的门、阁、楼、殿、亭组成的纵长轴线，以层层连绵的建筑空间来宣扬岳神的崇高威德，造成祭神的庄严气氛。御碑亭的石碑立于康熙四十七年（1708），上刻《重修南岳庙记》。正殿供奉南岳神塑像。殿高24米，面阔7间，重檐歇山顶，殿内外共有木柱72根（1923年改为石柱），象征南岳72峰。正殿的瓦、梁、栏杆、墙壁、门槛等处，雕饰800条造型各异、神态生动的龙，似应"八百蛟龙护岳山"之说。殿外为双层台基，四周围以白石栏杆，144块栏板上刻有精美的飞禽走兽、奇花异草等图案。

（三）药王庙

药王本为唐代名医孙思邈，后演化成神，并设庙奉祀。清代药王庙甚多，吉林北山药王庙为典型实例。庙始建于乾隆三年（1738），乾隆五十二年（1789）和光绪十五年（1889）两次重修。正殿面阔3间，硬山顶，殿前为卷棚顶廊厦，东西各有3间配庑。殿内供奉天皇、地皇、人皇及药王孙思邈塑像，并附祀张仲景、李东垣、吴岐伯、谆于意、华佗、王叔和等历代名医。正殿西南有眼药池，西为春江山阁，旁边是灵仙堂。庙宇建筑深受吉林民居建筑的影响，如山墙山面装饰精美的砖雕悬鱼，悬鱼下镶嵌大块砖雕腰花，即为吉林民居的传统做法。

（四）妈祖庙

妈祖庙奉祀的是中国民间传说中的护航女神。妈祖，又称天妃、天后，相传生于宋代，是福建莆田县（现莆田市）都巡检林愿之女，专门在海上救难行善，保佑人们的航海安全。清代，妈祖庙遍于东南沿海和台湾。

福建泉州天妃宫是全国各地妈祖庙中建造最早、影响最大的一座，始建于南宋庆元二年（1196），清初进行大规模扩建。现存建筑仅剩大殿、后殿、翼亭和东廊。大殿面阔5间，进深5间，重檐歇山顶，花岗岩龙柱，显得富丽堂皇。

北港朝天宫是台湾 400 余座妈祖庙中规模最大、香火最盛的一座，素有"台湾妈祖总庙"之称。始建于康熙三十三年（1694）。初建时以茅屋为祠，供奉妈祖神像，雍正八年（1730）改建为瓦祠，乾隆三十八年（1773）修建正殿和后殿，咸丰五年（1855）扩建为四进院落，始定布局。光绪三十四年（1908）再次扩建，至宣统三年（1911）竣工。庙宇占地 2 000 平方米，以正殿为中心，前有毓麟宫，后为双公庙，左右是聚奎阁和凌虚殿，东西建有文昌庙和三界公祠，构成一组布局严谨、巍峨壮观的建筑群体。庙宇建筑华美、装饰繁丽，特别是屋顶精细雕塑的人物花鸟和宫前栩栩如生的龙柱造型，为世人所赞叹。

四、家庙

家庙，又称祠堂，是贵族、官宦、世家大族奉祀祖先的礼制建筑。家庙除祭祀祖先外，还具有教化、集合等功用，如节日及婚丧聚会、酬神唱戏、宗族议事等皆在祠堂内举行。家庙位于宅第东侧，建筑规模大小不一。清代，家庙遍布全国各地，许多家庙还附设义学、义仓、戏台等，形成庞大的建筑群。清代著名的家庙，首推广州陈家祠堂。

陈家祠堂，又称陈氏书院，位于广州市中山七路。这座具有鲜明岭南特色的建筑，建于光绪十六年至二十年（1890—1894），是广东七十二县陈姓的合族祠和书院。祠堂主体建筑为三进院落式布局，包括 9 座厅堂，东西斋 10 余座房屋，建筑面积达 8 000 余平方米。第一进正中厅堂为头门，面阔 5 间，两侧厅堂面阔 3 间，门外设置一对威严的石狮，门前是一对抱鼓石，基座上雕刻着精美的日神、月神和八仙像。头门后金柱间设中门，门上雕镂"渔樵耕读"及历史人物故事。第二进正中的聚贤堂，是祠堂的主体建筑，供族人聚会之用。聚贤堂面阔 5 间，进深 5 间，21 架 6 柱前后廊。堂内有 12 扇柚木屏风，两面布满精美的雕饰。堂前有月台，四周围以白石栏杆，栏板上镶嵌着铁铸"三羊（阳）开泰"等图案装饰。第三进正中厅堂为后堂，是供奉祖先牌位的地方。全祠建筑以聚贤堂为中心对称布置，院落之间以廊庑相通，布局严谨，主次分明，既体现中国古代建筑的传统风格，又具有我国南方祠堂建筑的鲜明特色。

陈家祠堂

陈家祠堂的建筑装饰丰富多彩，富丽堂皇，是建筑、雕塑、绘画、铸造等工艺的巧妙结合，具有很高的艺术价值。每间房屋，从柱础到屋脊，整座建筑的内外构件都布满石雕、砖雕、木雕、铁铸、泥塑、陶塑、彩画、壁画等艺术装饰，既有大型制作，亦有玲珑小品，琳琅满目，绚丽多姿。特别是琉璃瓦脊两面的雕塑，更以其题材的丰富多样和造型的精巧生动而取胜。雕塑题材，有历史故事、神话传说、山水石林、花果禽兽；雕塑造型，有起伏的楼阁、飞流的瀑布、险峻的山峰、欢乐的凤鸟，或粗犷豪放，或精致纤巧，具有很高的艺术价值。

五、名人祠

名人祠是奉祀古代名臣、先贤、义士、节烈的祠庙。清代除全国性的祭祀文圣孔子的文庙和武圣关羽的武庙外，各地还重建或新建了许多具有地方特色的名人祠。名人祠大多由地方官府出资或民间集资，建在名人的故乡或曾经居住的地方，建筑构造技术采用地方手法，造型简朴，形式多样，带有当地民居的建筑特色。名人祠与神庙不同，旨在缅怀历史名人的丰功伟绩，激励后人发扬先贤的可贵精神，故多利用中国传统建筑中的题额、联对等手法，以大量的匾额、对联、碑碣等文字题材装饰建筑，带有浓厚的书卷气氛。

（一）武侯祠

位于四川成都市南郊的武侯祠，是纪念三国蜀汉丞相武乡侯诸葛亮的祠庙。始建于西晋末年十六国时期。原址在成都少城内，后迁至南郊，与奉祀蜀国先主刘备的昭烈庙相邻。明初，蜀献王朱椿将武侯祠并入昭烈庙中。明末毁于兵火，清康熙十一年（1672）在废址重建。

武侯祠坐北朝南，主要建筑大门、二门、刘备殿、过厅、诸葛亮殿均排列在中轴线上，两侧有听鹂苑、桂荷池两组小型园林，殿宇西

成都武侯祠

侧的刘备墓（惠陵）则自成一体。祠庙南大门高悬"汉昭烈庙"匾额，中间为三楹正门，两旁各设一道便门。进入大门，院落宽敞，甬道两侧建6座碑亭，立有唐、明、清各代石碑。最著名的是唐碑，因碑文由唐代著名宰相裴度撰写，书法家柳公绰书写，名匠鲁建镌刻，被誉为"三绝碑"。进入二门，正殿为刘备殿，面阔7间，雄伟壮观，气势非凡，殿正中奉祀刘备及孙子刘谌的塑像。东偏殿奉祀关羽及儿子关平、关兴，部将周仓、赵累；西偏殿奉祀张飞及儿子张苞、孙子张遵；东厢房有庞统、简雍等14尊文臣塑像，西厢房有赵云、马超等14尊武将塑像。在这座长方形的庭院中，正殿、偏殿和厢房均面向庭院作开敞处理，将刘、关、张及文臣武将组合为一个整体，从而体现蜀汉君臣团结、人才济济的壮观场面。后殿为诸葛亮殿，殿内奉祀诸葛亮及儿子诸葛瞻、孙子诸葛尚的泥塑贴金坐像，均高2米多，造型逼真，神采奕奕。殿前庭院古柏苍翠，竹木葱郁，池水荡漾，山石错致，显得格外清丽幽雅。殿内外琳琅满目，各具特色的匾联，更引人怀思诸葛亮的丰功伟绩和崇高品格。殿的东西厢为钟楼和书房，是一组幽静雅致的庭院，粉墙青瓦，别具一格，具有成都民居的建筑特色。诸葛亮殿与建筑轩敞、装修华丽的主殿刘备殿形成鲜明对比，既表现诸葛亮宁静淡泊的气质和廉洁务实的作风，也反映刘备与诸葛亮之间的君臣从属关系。

（二）屈子祠

位于湖南汨罗市玉笥山上的屈子祠，是纪念伟大的爱国诗人屈原的祠庙。屈原（前340—前278）是战国时楚国大臣，主张修明法度，选任贤能，实现富国强兵，然而，却因佞臣诽谤，被楚王流放，未能实现救国的抱负。当秦国大将白起率军攻破楚都后，屈原怀着满腔的哀怨和愤怒，投汨罗江自尽。汉代在汨罗江边创建屈子祠，此后多次重建。清乾隆二十一年（1756），湘阴知县陈钟理将祠移建江边玉笥山。

屈子祠采用中国古代传统的对称式布局，排列着正殿、信芳亭、屈子祠碑、独醒亭、寿星台等建筑。祠的正面设有三个砖砌门楼，形式十分别致。门楼中部的牌楼门为三间四柱三楼式样，柱枋之间的花板装饰各种彩色塑制图案，正中悬"屈子祠"匾额；两侧的砖墙边门为附壁垂

| 屈子祠 |

花门式样，显得精致典雅。牌楼门与两侧门配置相得益彰，再加以高大的白色砖墙及青瓦、彩塑、黑门，使这组门楼愈加富丽精致、色彩鲜明。正殿悬《史记·屈贾列传》木刻一组，正中为"日月争光"匾额，墙上浮雕屈原生平事迹。后殿奉祀屈原全身塑像。祠后右侧有一座土丘，形状如雄狮，面江而踞，称为"骚坛"，相传屈原曾在此创作《离骚》。坛侧的石桥上刻有"濯缨桥"3字，相传屈原常在此浣缨濯足。屈子祠东北5千米的汨罗山上，有屈原墓群（相传为屈原"十二疑冢"）。墓前有清代所立石碑，上刻"故楚三闾大夫之墓"。

（三）张良庙

张良庙位于陕西留坝县紫柏山麓，是祭祀西汉开国功臣张良的祠庙。因张良被封为留侯，故又名留侯祠。相传张良对刘邦称帝后残杀功臣不满，便隐居留坝学道修仙。东汉末年，汉中王张鲁在此建留侯祠。明末，祠庙毁于兵火，仅存大殿一座。清道光、咸丰年间，在废址重新建庙。

张良庙规模庞大，由六进院落组成，共150余间房屋。大门坐西朝东，门身是一座砖砌牌楼，门上悬"汉张留侯祠"匾额。进门后，经进履桥、二门、保安观、前庭、中庭，便来到庙的主体建筑——大殿。大

张良庙

殿面阔 3 间，歇山顶，四檐柱，殿内奉祀张良塑像。大殿的门楣、楹柱和庭院中，遍布匾额楹联、碑记题刻，多为古人对张良"博浪操椎"的侠肝义胆、"圯桥进履"的求教精神及"功成身退"的明智之举的赞美诗句。大殿右侧通南花园，园中水池建有六角形的辟谷亭。大殿左侧通北花园，园西南角建有拜石亭，取张良拜黄石公为师之意。在紫柏山中峰百余米高的人工假山上，耸立着祠庙最高的建筑——授书楼。此楼为纪念黄石公授张良兵书而建，故名。楼高 8 米，分上下两层。下层四周围以石板栏杆，楼内供奉张良和黄石公塑像，上层围以木栏杆。登楼远眺，四面云山烟雨如画，景色宜人。

（四）五公祠

位于海南省海口市东南郊的五公祠，是纪念唐宋时被贬海南的五位名臣的祠宇。五公，指唐代李德裕，宋代李纲、赵鼎、胡铨、李光。五公祠的原址为金粟庵。明万历四十五年（1617），为纪念北宋著名文学家苏轼被贬海南时在此居留，在金粟庵建苏公祠。清光绪十五年（1889），苏公祠旁增建一座二层楼，祀李德裕等五人，遂称五公祠。

祠宇主体建筑为木结构二层红楼，高9米，素瓦红椽，周围有檐廊。下层悬"五公祠"横匾，厅内有楹联"于东坡外，有此五贤，自唐宋迄今，公道千秋垂定论；处南海中，别为一郡，望云烟所聚，天涯万里见孤忠"，表达海南人民对五公高风亮节的崇慕之情。上层悬"海南第一楼"金字匾额，楼上大厅供奉五公牌位。楼两侧建有学圃堂、观稼堂、东斋、西斋、五公精舍等附属建筑。

（五）米公祠

米公祠位于湖北襄樊市樊城西南角，是祭祀北宋著名书法家米芾的祠宇。米芾（1051—1107），初名黻，字元章，号海岳外史、襄阳漫士，世居山西太原，后迁居襄阳，官至书画学博士、礼部员外郎，与苏轼、黄庭坚、蔡襄并称宋代四大书法家。

米公祠原为米氏故居，明代称米家庵。清康熙二十二年（1683）在此发现"米氏故里"残碑后，始建米公祠。雍正、同治年间，曾进行大规模修建。现存祠宇为同治四年（1865）重建。祠分前后两重院落，有山门、宝晋斋、仰高堂、九华楼、远楼、洗墨池等建筑。祠前立两碑，分别刻有"米氏山水"和"米氏故里"。山门为屋宇式大门，正面三间并附有左右耳房，最具特色的是入口前檐墙采用湖北民居常用形式，将一座四柱三楼牌坊门以浮雕方式贴在墙上，柱脚虚悬，颇为别致。宝晋斋内有米芾拓像，收藏雍正八年（1730）摹刻的米芾及儿子米友仁的书法刻石36块，四壁嵌有黄庭坚、蔡襄及元赵孟頫等著名书法家的遗墨石刻。

第三章

陵墓建筑与雕塑

3

　　中国古代陵墓建筑到明代已基本定型，形成三种主要的陵墓形制，即秦汉以陵山为主体的布局方式、唐宋重视神道引导作用的布局方式和明代建筑群组的布局方式。清陵基本承袭明陵的布局与形式，以群山环绕的封闭性环境为陵区，将各帝陵融为一个整体，并在神道上增设牌坊、大红门、碑亭等，使陵墓建筑与周围环境相协调，创造庄重肃穆的陵区气氛。但清陵与明陵亦有区别。明代实行帝后合葬，清代后妃死后在帝陵旁另建皇后陵和妃园寝。清代的陵寝设施也有变化，主要是将明代的祾恩殿改称隆恩殿，将宝顶形状由圆形改为前方后圆形，并将东西庑改为东西配殿，神厨、神库改为东西朝房。

　　清朝入关前的陵墓，有建在辽宁新宾满族自治县的永陵和盛京（今辽宁沈阳市）的福陵、昭陵，统称"清初关外三陵"。定都北京后，清朝的 10 位皇帝除逊帝溥仪未建陵，其余 9 位皇帝的陵墓，分别建在河北遵化市和易县，称为清东陵和清西陵。

第一节

清初三陵

>>>

　　清初三陵，即清太祖努尔哈赤的福陵、清太宗皇太极的昭陵，以及清远祖的永陵，是清朝入关前的三座陵墓。它们虽不如清东陵、西陵那样宏伟壮观，但却以其独特的地方建筑风格、城堡式的建筑布局、神秘而静穆的陵区气氛，为人瞩目。

一、永陵

　　永陵位于辽宁新宾满族自治县永陵镇北，是清帝的祖陵。这里埋葬着努尔哈赤的远祖盖特穆、曾祖福满、祖父觉昌安、父亲塔克世及伯父礼敦、叔父塔察篇古和他们的妻室。明万历二十六年（1598），努尔哈赤在桥山山麓，选择这片濒临苏子河，与烟筒山隔河相望的平阳之地，

| 清永陵 |

为其祖辈修建陵寝。初称兴京陵，寓意祈佑满族兴旺强盛。清顺治十六年（1659），顺治帝追尊盖特穆等四人为开创清朝帝业的肇兴四祖，谥盖特穆为肇祖原皇帝，福满为兴祖直皇帝，觉昌安为景祖翼皇帝，塔克世为显祖宣皇帝；并将桥山封为启运山，将兴京陵改称永陵。此后，康熙、乾隆时期屡加修葺。

在关外三陵中，永陵规模最小，占地仅1万平方米，但其整体布局井然有序，主从分明。整个建筑群既继承古代帝王陵墓建筑的艺术传统，又具有独特的满族建筑风格。陵区平面为三进院落的凸字形，分为前院、方城、宝城三部分。

陵区神道是一条宽13米，长1000米的黄沙大路。神道南端的下马碑是陵区的总门户，碑上用满、蒙、汉、回、藏五种文字镌刻"诸王以下官员等至此下马"的字样。沿神道北行，即达陵园正门——正红门。正红门面阔3间，单檐硬山顶，覆黄琉璃瓦，正脊有吻，垂脊有兽，彩画梁枋，内装6扇朱漆木栅栏对开门，具有典型的满族建筑风格。进正红门，宽敞的前院正中，自东向西排列着4座单檐歇山式琉璃瓦顶的碑亭。4座碑亭内分别竖立肇、兴、景、显4祖的神功圣德碑，碑文洋洋数千言，均为祖先歌功颂德的溢美之词。四座碑亭的体量不大，但布局轩然，颇具特色。碑亭的东西两侧，各有5间硬山式青砖瓦房。东侧为斋班房、祝版房，是守陵人员住宿和存放祭祀祝版的场所；西侧为茶膳房、涤器房，是制作祭祀供品和洗涤祭器的地方。

由碑亭往北，过启运门进中院，便是方城。方城北面的中轴线上，矗立着永陵的正殿——启运殿。启运殿是举行祭祀大典的场所。殿面阔5间，单檐歇山顶，覆黄琉璃瓦，高筑于月台之上，显得宏伟壮观。殿内供奉4皇帝、4皇后的神主牌位，供设暖阁、宝床、龙凤宝座，四壁嵌饰五彩琉璃蟠龙。启运殿两侧建有东西配殿，均为歇山式，黄琉璃瓦顶。西配殿前设一座焚帛亭。

启运殿北的后院为宝城，俗称月牙城。宝城平面呈八角马蹄形，凭借山势分为上下两层平台，上层葬兴祖福满、景祖觉昌安、显祖塔克世，下层葬礼敦和塔察篇古，肇祖盖特穆的衣冠冢位于福满墓的东北。高台上环列的5座墓冢宝顶，均为平地起封，封土下为地宫。

宝城北面的启运山，林木葱郁，蜿蜒起伏，犹如一条侧身静卧的青色巨龙，环护着这座皇家祖陵。陵区的殿宇墓冢、朱墙黄瓦与陵前的潺潺流水、山间的苍松翠柏融为一体，使永陵犹如一颗金色明珠，在青山绿水间显得璀璨而端庄。

二、福陵

福陵是清太祖努尔哈赤和孝慈皇后叶赫那拉氏的陵墓。因地处沈阳东郊，又称东陵。

努尔哈赤（1559—1626）是清朝的缔造者，杰出的满族政治家。明万历四十四年（1616），他在统一女真各部的基础上，在赫图阿拉（今辽宁新宾满族自治县境内）即位称汗，建立后金政权。天命三年（1618），以"七大恨"誓师，公开反明，萨尔浒（今辽宁抚顺市东南）战役获胜后，割据辽东。天命十年（1625）定都沈阳。翌年，在围攻宁远（今辽宁兴城市）时被炮击伤，继染痈疽，在埃鸡堡（今辽宁沈阳城南）辞世。努尔哈赤死后，因"未获吉壤"，梓宫暂时安放在沈阳城内。天聪三年（1629）选定陵址后，动工兴建，5年后竣工。崇德元年（1636）定名福陵。此后，经康熙、乾隆时期多次增修和改建，形成现在的规模。

福陵前临浑河，背靠天柱山。建在山腰间的陵墓建筑群，在群山环绕、林海掩映之中，殿宇凌云，飞檐入霄，构成独具特色的帝王山陵。因此，福陵既有唐代帝陵依山而建的宏伟气势，又具明代帝陵山壑林泉的自然景色，是将山陵与自然景色融为一体的典型实例。

福陵占地19.48万平方米，陵园四周绕以矩形缭墙。南墙正中的正红门两侧设石牌坊、下马碑、华表和石狮，东西墙上嵌有雕饰蟠龙的五彩琉璃壁，组成气势威严的陵门。整个陵区分为前导和主体两大部分。

步入正红门，只见在幽深的神道两侧的苍松古柏之间，成对排列着华表和狮、虎、马、驼等石像生，或坐或立，或蹲或卧，姿态各异，错落有致。神道往北，地势逐渐升高。利用天然山势修筑的一条108级砖踏跺在苍松间斗折蛇行，盘山而上。攀上石阶，过石桥，迎面的平坦台地上矗立着一座巍峨的碑亭。碑亭于康熙二十七年（1688）增建，亭内竖"大清福陵神功圣德碑"。碑文为康熙帝亲撰，详细记述了努尔哈赤的丰功伟绩和创业的艰难情况。碑亭北面，便是陵区的主体建筑——方城。

方城是一座由高大城墙围合而成的城堡式建筑，使陵区显得格外雄伟壮观。方城的南墙正中是隆恩门，上有三层门楼；北墙正中矗立着高大的明楼，楼内立康熙帝亲撰"太祖高皇帝之陵"石碑；城墙四隅建有十字脊顶的角楼，总体布局类似北京紫禁城的角楼。隆恩门东西两侧是茶房、膳房、果房、涤器房。方城正中金碧辉煌的隆恩殿，是供奉神牌和举行祭祀大典的场所。殿面阔5间，单檐歇山顶，覆黄琉璃瓦，矗立在青石台基上。隆恩殿东西各有配殿，均为3间周围廊，歇山顶，彩绘梁枋。隆恩殿后是嘉庆年间增设的二柱门、五供桌。主体建筑隆恩殿体量虽不大，但与附属建筑隆恩门、东西配殿、明楼、角楼遥相呼应，形成一组布局严谨，错落有致，气势雄伟的陵寝建筑群。

方城北面是宝城和宝顶。宝城是平面如同月牙的院子，俗称月牙城。月牙城南壁正中设琉璃假门，上嵌五彩琉璃折枝花卉。宝城的中央建有宝顶，高6米多，四周长100米，用黄土、砂土、白灰掺和的"三合土"建造而成。宝城之下便是埋葬努尔哈赤和孝慈皇后的地宫。

| 沈阳清福陵隆恩殿 |

福陵的建筑布局深受汉族帝王陵墓形制的影响，在幽深的神道两侧石像生成对导引，造成肃穆静谧的谒陵气氛，这与初期的永陵有明显区别。但福陵布局仍保持清初满族建筑特色，陵寝设置在山腰，方城有高大的城墙环绕，四隅建角楼，形成一座防御性极强的城堡式山陵，这与入关后的清东陵、西陵完全不同。

三、昭陵

昭陵是清太宗皇太极和皇后博尔济吉特氏的陵寝。因坐落在沈阳北郊的隆业山下，俗称北陵。

皇太极（1592—1643）是努尔哈赤的第八子，满族杰出的政治家、军事家。天命十一年（1626）努尔哈赤死后，皇太极争得嗣位。天聪十年（1636）改国号为清，称皇帝。在位期间，他积极推行封建制，吸收汉族文化，开科取士，翻译典籍；仿照明朝，设置国家各级政权机构；先后进攻朝鲜，亲征察哈尔，攻陷松山、锦州，为灭明做好各种准备。

昭陵是清初三陵中规模最宏大，保存最完整的一座帝陵。始建于崇德八年（1643），竣工于顺治八年（1651）。后经康熙年间增建碑亭、明楼，嘉庆年间增设二柱门、石五供，才形成现在的规模。

昭陵总体布局与福陵基本相同。前导部分有下马碑、石牌坊、正红门、华表、石像生、碑亭等，主体部分是城堡式的方城围绕的祭祀建筑群，包括隆恩门、隆恩殿、东西配殿、明楼、角楼和宝城、宝顶。但昭陵与福陵亦有许多不同之处。首先，福陵依山而建，雄踞在山腰的陵墓建筑群气势雄伟，与自然景色浑然一体；昭陵则建在平地，宝城修筑在由人工堆积而成的隆业山上，在广阔平地上排列的陵墓建筑规模宏伟，富丽堂皇，充分显示帝王陵寝隆重壮丽的皇家气派。其次，昭陵是清朝建立后的第一座帝陵，与福陵相比，在建筑艺术上更加成熟。例如神道两侧的石像生，雕刻十分精致，其中名为大白和小白的两石马，传为仿照皇太极生前喜爱的两匹坐骑雕刻，腿短体壮，形态逼真，可与唐太宗昭陵六骏相媲美。正红门外青石牌坊石柱上雕刻的 5 对狮子，造型玲珑剔透，栩栩如生；额枋上雕饰的花卉卷草、云龙戏珠等浮雕图案，雕工

精细，形象生动。再者，昭陵神道比福陵略短，但通过排列成梯形的石像生，利用透视错觉增加神道的长度感，造成错落有致的空间层次，这是昭陵在建筑处理上的显著特点。

第二节

清东陵

>>>

　　清东陵坐落在河北遵化市马兰峪昌瑞山麓，是清朝定都北京后营建的第一处皇室陵墓区。清东陵距北京 125 千米，因在京师以东，故称东陵。

一、陵园布局

清东陵是我国现存规模最宏大、体系最完整的帝后陵墓群之一。自康熙二年（1663）建造东陵的首陵——孝陵，至1935年葬入最后一位皇贵妃，东陵营建长达272年。陵区内，建有5座帝陵，即顺治帝的孝陵、康熙帝的景陵、乾隆帝的裕陵、咸丰帝的定陵、同治帝的惠陵；4座后陵，即孝庄文皇后的昭西陵、孝惠章皇后的孝东陵、孝贞显皇后（慈安）的普祥峪定东陵、孝钦显皇后（慈禧）的普陀略定东陵；5座妃园寝，即景陵妃园寝、景陵双妃园寝、裕陵妃园寝、定陵妃园寝、惠陵妃园寝。东陵共埋葬5位皇帝，15位皇后，136位妃嫔。

东陵以昌瑞山为中心，南北长125千米，东西宽20千米，占地2 500平方千米。昌瑞山属燕山山脉分支，东部峰密起伏绵延，西面有黄花山，正南的天台山和烟墩山左右对峙，形成一道天然陵门——龙门口。龙门口至昌瑞山之间，48平方千米的原野坦荡如砥，来自分水岭

的河流左右环绕，以孝陵为中心的 14 座帝王后妃陵寝，形成"龙蟠凤翥"之势。昌瑞山主峰下为孝陵，其他陵墓各依山势东西排开，东有景陵和惠陵，西有裕陵和定陵，皇后陵和妃园寝均围绕帝陵而建。唯有昭西陵为清陵特例。陵主孝庄文皇后是皇太极的妃子、顺治帝的生母，死后葬在陵区大红门外。昭西陵的建筑规制，在清代后陵中是等级最高的，分为前朝和后寝两部分，并建有神道碑亭和下马碑。登高俯视，但见陵区内神道和桥梁纵横交错，雕梁画栋的殿宇在苍松翠柏中若隐若现，金碧辉煌的山陵在蓝天白云的映衬下格外壮观，充分显示了帝后陵墓宏伟壮丽的皇家气势。

《大清一统志》对东陵的地理位置有详细描述："山脉自太行逶迤而来，重岗叠阜，凤翥龙蟠，一峰柱笏，状如华盖。前有金星峰，后有分水峪，诸山耸峙环抱。左有鲶鱼关，马兰峪尽西朝，俨然左辅。右有宽佃峪，黄花山皆东向，俨然右弼。千山万壑，回环朝拱，左右两水，分流夹绕，俱汇于龙虎峪。"东陵为顺治帝亲自选定。顺治帝在狩猎时，偶然来到昌瑞山下，见这里风景优美，王气葱郁，便定为自己的陵址。《清史稿·礼志五》有此事的记载："康熙二年，相度遵化凤台山建世祖陵，曰孝陵。先是世祖校猎于此，停辔四顾曰：'此山王气葱郁，可为朕寿宫。'因自取佩鞢掷之，谕侍臣曰：'鞢落处定为穴。'至是陵成，皆惊为吉壤。"

二、孝陵

孝陵是顺治帝福临的陵墓，在清东陵中规模最宏大，体系最完整，也最具代表性。从陵区最南端的石牌坊到最北端的孝陵宝顶，在这条轴线上井然有序地排列着大红门、更衣殿、神功圣德碑楼、石像生、龙凤门、单孔桥、七孔桥、五孔桥、下马碑、神道碑亭、东西朝房、东西班房、隆恩门、焚帛炉、东西配殿、隆恩殿、琉璃花门、二柱门、石五供、方城明楼、宝顶等。显然，孝陵的布局仿照明十三陵中长陵的布局。

矗立在最南端的孝陵石牌坊，是进入陵区的第一座建筑物。牌坊为五间六柱十一楼式，高 13 米，宽 32 米，全部用汉白玉卯榫而成。石牌

坊北面的大红门是孝陵的正门，也是清东陵的总门户，红墙迤逦，肃穆典雅。门前设有石麒麟和下马碑，碑上刻着"官员人等到此下马"的字样，以显示皇陵的威严。门内东侧的建筑为更衣殿，朝陵者在此更换礼服。

由大红门至孝陵宝顶，是一条宽12米，长5.5千米的砖石神道。帝王陵墓前建神道，其目的是通过引导作用，向谒陵者渲染陵墓建筑庄严肃穆的氛围。孝陵神道上排列有序的各种建筑，层层叠叠，错落有致，令人目不暇接。

矗立在神道南端的，是巍峨雄伟、重檐九脊的神功圣德碑楼。碑楼正中屹立着两座高大的神功圣德碑，碑身用满、汉两种文字镌刻着顺治帝一生的经历和功德。碑楼四角各有一座12米高的华表。华表挺拔俊秀，上面刻满龙云纹饰，远远望去，如同飞龙缠柱、白云缭绕，把大碑楼衬托得更加华丽壮观。

神功圣德碑楼的北面，一座影壁山将神道分成前后两段。绕过影壁山，神道两侧整齐对称地排列着 18 对石像生，包括狮子、狻猊、骆驼、象、麒麟、马各 2 对，垂首肃立的文臣、武将各 3 对。这些石像生均为整块青白巨石雕刻而成，造型生动，形态逼真，堪称清陵石像生的代表作。一位世界著名的艺术批评家在谈到中国的陵墓雕刻时，以抒情的笔调写道：

> 这些形象有的直立，有的躺卧，一个个纹丝不动，守护着皇帝壮观的陵寝。整个平川就是一件艺术品，如同需要装饰的墙壁。雕刻家凭借这一墙体的曲线、凸突和远景，赋予巨大的石像以价值和个性。石像仿佛来自天边，像军阵一样走来，翻山越岭，跨过深谷，勇往直前，一无所惧 ①。

显然，这些"像军阵一样走来"，守卫着皇陵的石像生，不仅是装饰陵墓建筑的艺术品，更用来象征帝王的赫赫威仪和显贵尊严。

石像生北面的龙凤门，是一座耸立在神道中间的门楼建筑。门为三间六柱三楼式，覆彩色琉璃瓦，装饰龙凤呈祥花纹，显得富丽多彩。从大红门至龙凤门，神道上的建筑景观变化多端，形态各异，既增加了陵墓建筑的空间层次感，又渲染了陵墓的庄严与崇高气氛。当然，孝陵采用大型石牌坊作陵区入口的标志，在石像生后设置彩色琉璃砖瓦装饰的龙凤门，是对明十三陵长陵建筑布局的模仿。

沿神道北行，穿过单孔石桥，便来到七孔桥。在清东陵近百座石桥中，孝陵七孔桥是规模最宏大，建造最精美的一座。桥长约 100 米，全部用汉白玉石拱砌而成。特别是桥上 120 多块栏板，均用能发出音响的高级石料砌筑，敲击时可听到五种音阶的声响，人称"五音桥"。

由七孔桥经五孔桥，过下马碑，便到孝陵前的广场。广场中央是神道碑亭，亭内竖立龟趺石碑，用满、蒙、汉三种文字镌刻着皇帝的庙号、谥号和陵名。碑亭东面建烹调祭品的神厨库，内有神厨 5 间，神库两座各三间，宰牲亭一座。

---

① ［法］艾黎·福尔《世界艺术史》，长江文艺出版社，1995 年版，第 237 页。

神道碑亭后面高台上是孝陵陵寝的正门——隆恩门。隆恩门面阔5间，单檐歇山式，覆黄琉璃瓦，两边有高大的红色宫墙。隆恩门内，在汉白玉栏杆围绕的大理石须弥座上，矗立着巍峨壮观的主殿——隆恩殿。隆恩殿是举行祭祀活动的主要场所，也是陵园的主体建筑。殿为重檐歇山式，覆黄琉璃瓦，面阔5间，进深3间。殿前月台上陈列的铜鼎、铜鹿、铜鹤，用以象征皇帝万古长青。五楹殿柱上雕饰着盘绕的金龙，绚丽多姿。大殿正中设金漆盘龙宝座，殿内东西排列着三间暖阁，奉祀顺治帝及皇后的牌位。

隆恩殿两厢有东西配殿，配殿南侧有一座焚帛炉。隆恩殿后面是琉璃花门、二柱门和石五供。琉璃花门有三个门洞，用彩色琉璃砖瓦构筑，显得十分华丽。石五供陈设在长方形石雕祭台上，居中为连耳青白石香炉，炉身作夔龙式，两旁各有青白石花瓶和青白石烛台。

石五供之后，耸立着重檐歇山顶的明楼。楼内竖有石碑，碑上用满、蒙、汉三种文字镌刻"世祖章皇帝之陵"的字样。明楼下的方城呈正方形，方城两侧有高大的城墙，绕墓一周，称为宝城。宝城前部与琉璃影壁相连，形似月牙，故称月牙城。宝城中间的大土丘，便是帝后的墓冢——宝顶。宝顶下为地宫，埋葬着顺治帝和康章皇后、孝献瑞敬皇后（董鄂妃）。

孝陵东面的孝东陵，埋葬着孝惠章皇后及端顺妃、恭靖妃等7人，福晋4人，格格17人。

其他四座帝陵建筑与孝陵规制基本相同，只是神道的长短、石像生的数目及建筑尺寸的大小不同。

三、裕陵

裕陵是乾隆帝的陵墓，位于孝陵西侧的胜水峪，占地面积46万平方米。裕陵始建于乾隆八年（1743），至乾隆十七年（1752）竣工。其规模虽小于孝陵，但建筑之华美，工艺之精美堪居清陵之冠，充分反映了乾隆盛世发达的生产力和高超的建筑艺术水平。

裕陵的地面建筑与孝陵形制相同，全陵建筑以神道贯穿，并与孝陵主神道相连。从陵前神道上排列的神功圣德碑楼、华表、五孔神道桥、石像生、碑亭，直到隆恩殿、明楼、方城和宝顶，陵寝建筑群宏伟壮观，气势非凡。然而，最具特色的是裕陵的地宫建筑，堪称石雕刻与石结构相结合的典范。

裕陵地宫为拱券式石结构，由一条墓道、四道石门和三重堂券组成一个"主"字形，进深 54 米，落空面积 327 平方米。

裕陵地宫略小于明十三陵中定陵地宫，但裕陵地宫精美绝伦的石雕艺术，非定陵可比。整座地宫的四壁、券顶和石门，都布满佛像、经文和各式各样的佛教雕刻，简直是一座佛教雕刻艺术的宝库。那四道八扇石门上，用高浮雕的手法雕刻文殊、观音、普贤、地藏、大势至等八大菩萨立像。这些菩萨像高 1.5 米，头戴佛冠，身佩璎珞，肩披长巾，袒胸露臂，肌体丰满，脚踏出水芙蓉，姿态十分优美。特别值得称道的是，文殊菩萨和大势至菩萨手持经卷，面目清秀，神情自若，眉目传神，不愧为雕刻艺术的精品。石门门楼上的出檐、瓦拢、吻兽等，全用汉白玉雕成，形态丰富多彩，线条清晰柔美。罩门（第一道石门）洞两壁的四大天王坐像，如真人般大小，他们手持琵琶、宝剑、宝幢、宝塔等法器，身披甲胄，横眉怒目，威风凛凛地各守一方地宫。乾隆晚年崇信佛教，祈望地宫中的神佛能保佑他进入极乐世界。穿堂券东西两壁镌刻的五欲供浮雕，也出于这种愿望。

由罩门洞过二道门，经穿堂券，最后一道石门内便是安放帝后棺椁的金券。石制棺床的正中是乾隆的棺椁，两侧是他的两位皇后和三位皇贵妃。乾隆棺椁高达 1.67 米，棺内装修十分豪华，衬以五色织金梵字陀罗尼缎和龙彩缎，随葬的殓物极其丰富。乾隆棺椁下正中是金眼吉井，其内棺里外刻满雕漆的经文。金券的东西两壁各雕一尊佛像和精美的八宝图案。

裕陵地宫的雕刻工艺精致，线条流畅，形态逼真，尽管浮雕图案繁多，但布局精当，主从分明，不愧为清代石雕工艺的杰出代表。

四、定东陵

咸丰帝死后，孝德显皇后随葬在定陵地宫，其他两位皇后则在定陵东侧选址建陵，称为定东陵。居于西侧的孝贞显皇后（慈安）陵称普祥

| 清东陵 |

峪定东陵，居于东侧的孝钦显皇后（慈禧）陵称普陀峪定东陵。两陵相连，建筑规制完全相同。陵寝南端矗立着高大的神道碑亭，依次是石拱桥和石平桥、东西朝房、东西值房、隆恩门、焚帛炉、东西配殿、隆恩殿、石五供、方城明楼、宝城宝顶及地宫。

同治十二年（1873），慈安与慈禧在定陵东侧同时建陵。首期工程历时 8 年，耗银 227 万两，其费用远远超过清代祖陵。光绪二十一年（1895），骄奢淫逸的慈禧认为自己的陵墓建筑还不够气派，竟下令将隆恩殿和东西配殿拆毁重建，务求精美华丽。清代后陵比帝陵规模要小，但定东陵的建筑规制却丝毫不逊于帝陵，尤其是慈禧的普陀峪定东陵，其陵墓建筑工艺之高超，制作之精细，用料之靡费，不仅使一般后陵望尘莫及，就连建于盛世的乾隆裕陵也为之逊色。

慈禧陵重建的三大殿梁枋架木、门窗隔扇，全部采用名贵的黄花梨木和楠木，并在本色原木上直接沥粉贴金成龙、凤、云、寿等各种图案，显得富丽堂皇。殿内 64 根明柱，皆为半立体浮雕鎏金盘龙，用弹簧控制的龙头、龙须可随风颤动，其制作之精美远远超过紫禁城太和殿的金色明柱。殿的外墙磨砖到顶,内壁整个贴金雕砖,图案为"五蝠捧寿"和"卐"字不到头的锦纹,斗拱、梁枋、天花板上的和玺彩画及雕砖部位,全用赤金叶子贴饰。步入大殿,只见殿内金碧辉煌,光彩耀目,仿佛置身于黄金世界。据记载,三殿仅贴金一项,就耗费黄金 4 592 两。

最引人注目的是隆恩殿四周的汉白玉石雕。其雕刻工艺之豪华精致,图案设计之别出心裁,在清陵中绝无仅有。隆恩殿前的龙凤彩石,堪称空前绝后的艺术杰作。其他帝后陵的龙凤彩石皆用浮雕手法,雕刻龙凤并排的图案,而这块龙凤彩石则以透雕手法,雕出一幅绝妙的凤引龙图案。只见丹凤高高在上,展翅凌空,穿云向下俯视,而蛟龙却曲身出水,腾空昂首,仰望丹凤。龙凤飞舞的线条清晰流畅,甚至连凤毛、龙鳞及龙髯都刻得清清楚楚。此外,隆恩殿周围的汉白玉台基栏板和望柱上,也雕饰精美的龙凤呈祥和水浪浮云图案,龙凤形象均设计为凤居上,龙在下。这独特的凤引龙图案,充分显示慈禧长期凌驾于皇帝之上,也是她至高无上权力的象征。

第三节
清西陵

>>>

清西陵在河北易县西 15 千米永宁山麓,是清朝定都北京后营建的又一处规模宏大的皇室陵墓区。因在北京以西 120 千米处,俗称西陵。

一、陵园布局

清西陵东起梁各庄,西至紫荆关,南迄大雁桥,北达奇峰岭,方圆 800 平方千米。整个陵区处于一片丘陵地带,四周群峦叠嶂,形势高

清西陵

爽，林深似海，景色幽雅。登高远眺，只见在群山环绕，一片浓绿的平川上，那一座座在苍松翠柏中若隐若现的巍峨殿宇，与蓝天白云相映成趣，构成一幅雄奇幽美的画卷。

西陵始建于雍正八年（1730）。陵区内有4座帝陵，即雍正帝的泰陵、嘉庆帝的昌陵、道光帝的慕陵、光绪帝的崇陵；3座后陵，即孝圣宪皇后的泰东陵、孝和睿皇后的昌西陵、孝慎成皇后及孝静成皇后的慕东陵；3座妃园寝，即昌陵妃园寝、泰陵妃园寝、崇陵妃园寝。此外，还有6座亲王、公主园寝。陵区建筑面积达5万余平方米，共有1 000多间殿宇，100多座石建筑和石雕刻，构成一个规模宏大、气势雄伟的陵墓建筑群。其中，泰陵为西陵的主陵，居于永宁山麓的中心位置，昌陵和慕陵在其西侧，崇陵在其东侧。后陵和妃园寝则围绕帝陵而建。其他帝陵的建筑形制除无泰陵的神功圣德碑楼外，与泰陵大体相同，唯有慕陵别具一格，形制特殊。

西陵的总体布局与东陵有所不同。东陵的布局以孝陵为中心，其余四陵依昌瑞山势东西排列，虽自成体系，但规模与孝陵有主次之分。西陵虽以泰陵为主陵，但总体布局却分为三大部分，即位于陵区中部的泰陵、昌陵及其后妃陵寝；位于陵区西南部的慕陵及其后妃陵寝；位于陵区东北部的崇陵及其后妃陵寝。三部分陵区各自相距 5 千米，若即若离，似断似续，形成相对独立的三大陵墓建筑群。

康熙二年（1663），康熙在昌瑞山下为顺治建孝陵，开始营建清东陵。此后，康熙朝的帝王后妃分别葬在东陵的景陵、双妃园寝、景妃园寝，由此开创清初皇帝实行的"子随父葬，祖辈衍继"的昭穆之制。但雍正存心另图，借口在东陵未找到理想的建陵之地，命人另在数百里外的易县营建泰陵。乾隆为兼顾东西二陵，颁诏实行兆葬之制：嗣后，吉地各依昭穆次序，在东西陵界内分建。自此，后代清帝便间隔分葬在遵化和易县两地，形成东西二陵并峙的局面。

二、泰陵

泰陵是雍正帝的陵墓。自雍正八年（1730）破土动工，到乾隆二年（1737）雍正帝入葬，历时 7 年，是清西陵中营建最早，建筑规模最大的一座帝陵。

泰陵建筑齐全，体系完备，所有建筑自南向北排列在一条宽 10 米，长 2.5 千米的砖石神道上。

神道南端是一座联拱式五孔桥，其势如虹，为进入陵区前的第一座建筑物。桥北广场上矗立着三座高大精美的石牌坊，成为整个陵区最为壮观的建筑。三座石牌坊均为五间六柱十一楼形式，用青花石筑成，高12.57 米，宽 31.85 米。石牌坊各部分雕刻着不同的图案：额枋雕饰精美的山水花草及禽兽图案；六对夹柱石顶均雕刻一只形似辟邪的异兽，仰首翘尾，造型生动；夹柱石的正面是高浮雕的龙、凤、狮、麒麟，神态各异，栩栩如生。石牌坊作为陵区入口的标志，虽然模仿明十三陵的布局，但因分别设置在东、西、南三面，与北面的大红门围合成一个宽阔的广场，比明十三陵和清东陵的单座石牌坊更显得庄重威严，堪称陵墓建筑史上的孤例。

气势宏伟的大红门，是陵区的正门。门前设置两座石麒麟，门两侧立有下马碑。步入大红门，右侧是具服殿，殿北是神功圣德碑楼。碑楼高30米，重檐歇山顶，覆黄琉璃瓦，楼内竖立两座神功圣德碑。碑楼外广场四角，矗立4座汉白玉雕成的华表，柱上有蟠龙腾云浮雕，柱顶是造型生动的朝天犼。4座华表与高大的碑楼相互辉映，构成雄伟壮丽的景观。

跨过七孔石桥，便见神道两侧垂首肃立的石像生。泰陵神道的石像生数目虽然不多，只有石兽三对，文臣武将各一对，但雕刻艺术并不比孝陵逊色。石像生形态逼真，刀法细腻。文臣武将的衣着纹饰，剑鞘图案和朝珠，甚至连大象鞍驮上的花纹和骏马的鬃毛，均清晰可辨，充分体现清代石雕艺术精湛的雕刻技法。

绕过神道正中作为影壁的蜘蛛山，便是龙凤门。龙凤门四壁三门，壁上装饰琉璃制成的云龙花卉，精致美观。门北是神道碑亭、神厨库和井亭。神道碑亭内矗立的石碑上，用满、汉、蒙三种文字镌刻着雍正帝的谥号。碑亭北面是一片广场，广场北面的平台上有东西朝房和守护班房。广场正面的隆恩门，面阔5间，单檐歇山顶，檐端是三踩单昂斗拱。隆恩门内左右，各有一座琉璃焚帛炉，供焚烧祭文、金银锞和五彩纸帛用；门北的东西配殿是放置祝版和僧人念经的地方。

隆恩门正面的月台上，矗立着巍峨高大的隆恩殿。殿面阔5间，进深3间，重檐歇山顶，覆黄琉璃瓦。殿内明柱用沥粉贴金包裹，殿顶描绘旋子彩画，梁枋间装饰金线大点金彩画，使整座殿宇色彩绚丽，金碧辉煌，颇具皇家建筑气派。梁枋中心的彩画《江山一统》和《普照乾坤》，图案优美，色彩协调，为殿内增添庄重肃穆的气氛。殿内有三间暖阁，一间供奉佛像，另两间供奉帝后的牌位。隆恩殿是举行祭祀活动的主要场所，每年的大祭、小祭，均在这里举行。殿前左右对称，设置两座铜鼎，伴以铜鹤和铜鹿；汉白玉陛石上雕刻精致的龙凤戏珠图案，神态逼真，把白云中龙飞凤舞的形象刻画得栩栩如生。

隆恩殿后面有围墙相隔，分为前后两院，暗合前堂后寝之规制。围墙正中辟两座琉璃门，其后为二柱门、石五供、方城明楼和宝城。方城明楼是泰陵最高大的建筑物。明楼上的朱砂墓碑，用满、汉、蒙三种文字刻着皇帝的庙号。从明楼有马道通往宝城。

雍正帝暴死于雍正十三年（1735），乾隆二年（1737）三月和已死的孝敬宪皇后、敦肃皇贵妃合葬于泰陵。泰陵东北 1.5 千米的泰东陵，埋葬着雍正的孝圣宪皇后，她是乾隆帝的生母。泰东陵南面的泰妃园寝，埋葬着雍正的裕妃、齐妃、谦妃等 21 个妃子。

泰陵西南 1 千米的宝华峪建有嘉庆帝的昌陵。其陵寝建筑的豪华富丽并不逊于泰陵，特别是隆恩殿地面的铺设，别具特色。西陵其他隆恩殿均为金砖墁地，唯昌陵隆恩殿采用贵重的紫花石墁地。殿内黄色方石板上，天然的紫色花纹千姿百态，光滑耀眼，犹如无数紫色绒球在巨大的黄色玻璃板上闪烁，令人目不暇接。

三、慕陵

慕陵是道光帝的陵墓，位于泰陵西面 5 千米处，建于道光十二年至十六年（1832—1836）。

按照乾隆帝的规制，道光的陵寝最初选址于东陵宝华峪。道光七年（1827）竣工后，葬入孝穆皇后。次年，发现地宫浸水，道光下旨将陵墓拆除，在西陵龙泉峪重建新陵。

在清代帝陵中，慕陵规模最小，规制最简约。它不设神道，没有神功圣德碑楼、华表、石像生、方城明楼，地宫上只有石圈，体现了道光所提倡的节俭；但在建筑形式、施工质量、材料结构等方面，却别具一格，精美异常，仍不失皇家气派。

慕陵的建筑规模较小。陵前仅有一座五孔石桥，过龙凤门，设神道碑亭，其后是隆恩门、朝房和值班房。隆恩门对面是慕陵的主殿——隆恩殿。殿面阔和进深均为 5 间，单檐歇山顶，覆黄琉璃瓦，规模虽不大，但整座建筑工艺精巧，用料昂贵。与其他帝陵隆恩殿以油漆彩绘装饰不同，慕陵隆恩殿和东西配殿所有的木结构，一律采用珍贵的金丝楠木。隆恩殿的天花板上，用香气馥郁的楠木刻成许许多多向下俯视的龙头，就连梁柱檩枋、门窗隔扇上，也都雕刻着数以千计的云龙和蟠龙。原来，道光怕地宫再次浸水，便想出这个让群龙在天上争水，而不往地宫吐水的主意。

然而，这些千姿百态，形象逼真的雕龙，却成为清代雕刻艺术的杰出代表。这些木雕的龙头部分采用透雕手法，龙身和云纹则高浮雕和浅浮雕并用。举目仰视，但见藻井四周龙头济济，仿佛在张吻鼓腮，吞云吐雾，而殿内阵阵袭来的楠木香气好像刚从龙口吐出。那些神态矫健、栩栩如生的云龙和蟠龙，犹如飞行于波涛云海之中，起伏翻腾，气势颇为壮观。难怪人们走进大殿，要对这种"万龙聚会，龙口喷香"的精绝情景赞不绝口。

清西陵遍植树木，漫山遍野的苍松翠柏郁郁葱葱，使陵区显得格外庄重肃穆。慕陵的松树更是千姿百态，最具特色的是龙凤门前两棵枝繁叶茂、造型独特的迎客松。一棵主干微斜，枝叶翻卷，犹如侍女顶盘祭奠；一棵弯腰颔首，枝叶低垂，好像老人喜迎贵宾。

慕陵竣工后，先葬入孝穆、孝慎、孝全三皇后，咸丰二年（1852）葬入道光。隆恩殿后石坊有石刻御题文"敬瞻东北，永慕无穷，云山密迩，呜呼！其慕欤，慕也。"咸丰对道光题字心领神会，将陵定名"慕陵"。

慕陵东北处的慕东陵，原为妃园寝，后因葬入孝静皇后而扩建为慕东陵。

四、崇陵

崇陵是光绪帝的陵墓，位于泰陵东 5 千米处，是清朝的最后一座帝陵，也是中国现存帝陵中最后的一座。

崇陵始建于宣统元年（1909）。1911 年清王朝被推翻，崇陵尚未建成，经大臣梁鼎芬向逊清遗老募捐集款，并按照当时对逊清皇室"崇陵未完工程，如制妥修，其奉安典礼，仍如旧制。所有实用经费，均由民国政府支出"的优待条件，由逊清皇室继续修建。1915 年竣工后，葬入光绪帝和隆裕皇后。

与清代其他帝陵相比，崇陵规模较小，亦无神功圣德碑楼、石像生等建筑。然而，崇陵参照了咸丰定陵、同治惠陵的建筑风格，并吸收西方的建筑技术，建有较完善的排水系统。明楼和三座门前，有供排水的御带河，宫殿基部有五尺宽的泛水，地宫内凿有 14 个泄水孔与龙须沟相通。此外，隆恩殿的木结构建筑，选用质地坚硬的桐木、铁料制成，

清崇陵

故有"桐梁铁柱"之称。殿内 4 根明柱底部绘有精美的海水波浪图案，上部各有绕柱盘旋的金龙，梁枋彩绘色调鲜艳，富丽堂皇。殿前的龙凤石，雕刻剔透，有很强的立体感。

崇陵地宫早年曾被盗掘，遭到严重破坏，1980 年进行整修。地宫包括隧道、石门、月牙影壁、闪当券、罩门券、明堂券、穿堂券、金券及金井、龙须沟。其中，石门共 4 重，每重由两扇整雕的青白玉石合成。每扇石门高 3.51 米，宽 1.51 米，厚 0.25 米，上面雕刻一尊精致的菩萨浮雕像。菩萨身披袈裟，头戴佛冠，脚踏莲花座，神态安详地挺立在石门上，护门念经。地宫金券内，青石雕成的棺床上并排停放着光绪帝和隆裕皇后的棺椁。隆裕皇后的棺盖顶上有一幅精美的石雕线刻画。画面上，一只金凤昂首挺立在山岩，周身环绕朵朵白云，岩下流淌潺潺溪水，雕刻精巧细致，造型生动传神。

崇陵东的崇妃陵，葬着光绪帝的两个妃子——瑾妃和珍妃。两妃子是亲姐妹，于光绪十四年（1888）一起应选入宫。珍妃因支持光绪变法改良，遭到慈禧太后的忌恨，被打入冷宫。光绪二十六年（1900），八国联军攻陷北京，慈禧挟持光绪逃奔西安。临行前，她命令太监将珍妃推入宫井。翌年，光绪返京后命人将珍妃尸体从井中捞出，追封为皇贵妃，葬在京西田村，后移葬崇妃陵。

第四节
陵墓雕塑

>>>

一、神道雕刻

神道雕刻是设立在陵墓神道上的石像生、华表、石牌坊、石碑等仪卫性石雕。其作用在于象征帝王的显贵尊严，表彰帝王的丰功伟绩，是具有祭祀功能的纪念性雕塑。

造型优美、神态逼真的石像生是神道雕刻的主要内容。石像生分石兽、石人两大类。神道两侧形态各异、性格鲜明的石兽，如凶猛的狮子、驯良的大象、狂暴的狻猊、威严的獬豸、温顺的骏马、稳重的骆驼，用以象征帝王生前的赫赫威仪；而身躯健壮、勇猛刚强的武将和高大魁伟、神情拘谨的文臣，则象征着帝王至高无上的权势。正因如此，作为帝王陵墓有机组成部分的神道雕刻，才从全国各地征调第一流的能工巧匠来制作，成为代表各朝代雕塑艺术水平的作品。

清陵大多设置石像生，但数目多少不一，规制不甚严格。清初关外三陵中的昭陵和福陵，均在神道上设石像生，尤以昭陵最具特色。昭陵石像生没有文武侍臣，只有6对石兽，其排列顺序为狮、麒麟、獬豸、骆驼、马、象。这些石兽雕刻精致，具有较高的艺术价值，特别是被称为大白和小白的两石马，形体比例合度，形象矫健英武。清东陵除惠陵外，其他各陵均设石像雕刻，但数量、规格不等。作为主陵的孝

| 清东陵石像生　象 |

陵神道仿照明十三陵中长陵规制，设 18 对石像生，其中石人 6 对，石兽 12 对；裕陵设 8 对，其中石人 2 对，石兽 6 对；景陵和定陵数量相同，仅有石人 2 对，石兽 3 对。清东陵石像生，唯有孝陵前的石兽造型，显得较有力量和生气，可与明十三陵相媲美；其余虽精工细雕，但华而不实，缺乏内在气势和神韵。孝陵的文武侍臣亦有特色，其中文臣着满式官服，胸佩朝珠，面露微笑，与历代陵前文臣庄严肃穆的表情迥然相异；武将着满式盔甲，左手按剑、右手下垂，突破历来武官双手按剑于体前的格式。清西陵中，泰陵、昌陵前各设石兽 3 对，石人 2 对，慕陵、崇陵前无石雕仪卫。西陵比东陵石像生数目要少得多，且雕刻艺术不及东陵，不同的是，在陵区大红门前设置两座麒麟石雕，为东陵所未见。

陵墓前建立牌坊，主要用于表彰和纪念。孝陵和泰陵的石牌坊，均仿照明十三陵中长陵的形制，建在东陵和西陵的入口处，成为陵区第一座宏伟壮观的建筑物。石牌坊顶部的瓦脊、梁枋、斗拱等部件用一块巨石雕琢而成，额枋雕饰各种花纹图案，夹柱石上浮雕龙、凤、狮、麒麟等瑞兽，造型生动，雕刻精细。明十三陵入口处只有一座石牌坊，泰陵神道南端却矗立三座巍峨壮观的石牌坊，一座向南，另两座分列东西，与北面的大红门构成一个宽阔的广场。泰陵石牌坊的造型与明十三陵和孝陵的相似，但三座石牌坊的布局却别具一格，是陵墓建筑史上的罕见实例。

在神道前端建巨大的神功圣德碑，始自明孝陵，并为明十三陵所继承。它使谒陵者在进入神道前，首先感受到陵区庄严肃穆的气氛。清陵沿袭明陵的形制，清初三陵和东陵、西陵的主陵孝陵、泰陵均建有高大的神功圣德碑楼，内竖表彰皇帝功绩的神功圣德碑。大碑楼中的龙蝠巨碑和龟趺，都用整块巨石雕成。龟趺及下面的海浪、鱼虾等图案，采用高浮雕手法雕刻，产生强烈的立体感，艺术效果极佳。值得称道的是，孝陵、泰陵碑楼的四角矗立四座挺拔俊秀的汉白玉华表，柱上雕饰蟠龙腾云浮雕，柱顶蹲踞造型生动的朝天犼。远远望去，在蓝天白云的映衬下，四座华表与巍峨的大碑楼融为一体，构成一幅壮观的画面。

二、装饰雕刻

帝王陵墓建筑中雕刻的花卉、异兽、人物等各种精美图案和造型，既是陵墓建筑的一种装饰艺术，体现不同时代的建筑特色和风格，也是象征帝王生前的赫赫威仪和表彰帝王功绩的纪念性雕塑，具有祭祀和审美的双重功能。中国人能使帝王的标志龙以及凤、独角兽、狮的造型，成群结队地盘旋在柱顶，在黄锦旗上藏头露尾，或排列在宫殿的丹墀上。这些造型可能仅仅表现出对久远的、经传说加工的回忆，亦即对隐藏在先民心中最后的原始猛兽的回忆。[①] 这位法国艺术批评家艾黎·福尔在 20 世纪初提出的见解，在清陵装饰雕刻中得到证实。

在清初三陵中，昭陵是规模最大、保存最完整的一座帝陵，陵墓雕

---

① ［法］艾黎·福尔《世界艺术史》，长江文艺出版社，1995 年版，第 232 页。

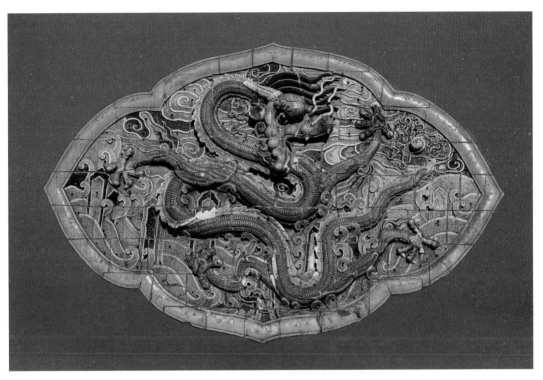

| 沈阳清昭陵琉璃瓦 |

刻艺术也更加成熟。矗立在昭陵正红门外的青石牌坊，雕工精细，气势雄伟；牌坊石柱上雕刻的五对坐狮，造型生动，活灵活现；额枋上雕饰的各种植物、动物图案，精美异常，栩栩如生。

　　清陵地宫石雕以裕陵最为精致，堪称清陵装饰雕刻的杰出代表。裕陵地宫石雕的显著特点是，地宫的四壁、券顶、石门上布满各种各样佛教内容的石雕和图案，如八大菩萨、四大天王、五方佛、五供、八宝，以及用梵文和藏文镌刻的佛经咒语，就连门楼上也仿照木构建筑，雕刻精致的斗拱、瓦拢、出檐、吻兽等。八扇石门上用高浮雕手法雕刻的八大菩萨立像，体形丰满，神态安详，为不可多得的雕刻艺术精品。罩门洞两壁雕刻的四大天王坐像，券顶镌刻的五方佛像，造型生动，性格鲜明，充分表现了乾隆帝崇信佛教，祈望进入极乐世界的美好愿望。尽管地宫的浮雕图案样式繁多，但布局主次分明，给人一种相互映衬、浑然一体的感觉。

清代陵墓的地面建筑雕刻艺术，以慈禧的普陀峪定东陵最具代表性。隆恩殿明柱上的半立体浮雕鎏金盘龙，可谓构思奇特，巧夺天工。隆恩殿及东西配殿内壁砖雕贴金的精美图案，斗拱、梁枋、天花板的贴金装饰，使整座大殿金碧辉煌，为一般陵寝宫殿所罕见。隆恩殿四周的汉白玉石栏杆和望柱上都雕刻精美的图案，尤其是殿前陛石（龙凤彩石）上独特的凤引龙图案，格外引人注目。陛石长 3.18 米，宽 1.6 米，以透雕的手法，雕刻出玲珑剔透、生动传神的丹凤和蛟龙形象，不愧为清代石雕艺术的杰出代表。

清陵的木雕装饰，以慕陵的雕刻艺术水平最高。慕陵的隆恩殿及东西配殿，都以楠木为材，不施彩绘，采用木雕装饰。隆恩殿天花板上用透雕手法雕成的龙头，梁柱檩枋、门窗隔扇上数以千计的云龙和蟠龙，姿态矫健，栩栩如生，让人赞叹无名工匠的高超雕刻技艺。

第四章

宗教建筑与雕塑

4

在中国土地上因宗教崇拜而兴建的宗教建筑，诸如佛教寺庙、道教宫观、伊斯兰教清真寺，都具有鲜明的民族特色。中国土生土长的道教和从印度传入的佛教，其建筑形制深受中国传统建筑布局方式的影响，大多采用大屋顶的木结构房屋体系和群体组合方式，将主要建筑依次排列在寺观的中轴线上，次要建筑对称设置在两侧，附属建筑则安排在边缘部位。因此，佛寺和道观不过是宫殿或府第等世俗建筑的翻版。中国的清真寺虽然受到阿拉伯及中亚地区伊斯兰教建筑的影响，然而，在明代形成的内地回族清真寺和新疆地区维吾尔族清真寺，则是植根在中华大地上，结合当地气候、建筑材料、建筑技术和建筑传统，具有中国特色的伊斯兰教建筑。

中国传统的佛寺、道观等宗教建筑，在唐、宋时期进入鼎盛阶段后，自明代开始走向衰落。清朝统治者为巩固疆域，努力与蒙、藏、维吾尔等民族修好，使各民族关系日益和睦亲善。从清朝开国之初到乾隆盛世，随着国力的强盛，民族文化的发展和交流，在各地相继建造许多富有民族特色的宗教建筑，最著名的有西藏布达拉宫，甘肃拉卜楞寺，内蒙古席力图召、五当召，北京雍和宫、西黄寺清净化城塔，承德外八庙，新疆苏公塔礼拜寺，云南景真八角亭等。这些形制各异、奇妙辉煌的宗教建筑，显示了各民族高超的建筑技巧和独特的艺术风格。

第一节

佛 寺

>>>

佛教的寺院是佛教信徒拈香顶礼、诵经拜佛的梵宫圣地。在中国古代，最初的寺是指官署，汉代中央各行政机关的九个官署合称九寺。东汉永平十一年（68），汉明帝下令建造中国第一座佛寺——白马寺。随着佛教的发展，寺便成为中国僧院的专称。至清代，佛寺的建筑格局已成定型，佛教建筑艺术高度成熟。佛寺建筑的布局沿袭中国传统的庭院形式，在寺院中轴线上依次排列山门、天王殿、大雄宝殿、法堂、藏经楼等主要建筑，东西两侧有禅堂、客堂、僧房、斋堂、库厨等次要建筑；规模较大的寺院，两侧还有钟楼、鼓楼、伽蓝殿、祖师殿、观音殿、药师殿等建筑，旁院有罗汉堂。

在清代得以突飞猛进发展的藏传佛教寺，成为中国封建社会末期宗教建筑的典型代表。藏传佛教寺是随着藏传佛教的兴起而出现的新型佛寺类型，具有与汉族地区佛寺迥然相异的建筑风格。元世祖忽必烈曾将藏传佛教宣为国教，因此自元明以来，藏传佛教寺在内地日益增多。清朝满族统治者对藏族和蒙古族采取笼络政策，格外重视藏传佛教。清代藏传佛教寺院遍布西藏、内蒙古、甘肃、青海、四川等地，甚

| 洛阳白马寺 |

▲ 白马寺，中国第一古刹，世界著名伽蓝。位于河南省洛阳市，始建于东汉永平十一年，是佛教传入中国后兴建的第一座官办寺院。

至在河北承德离宫避暑山庄附近，也相继建造一组气势雄伟的藏传佛教寺。

藏传佛教寺院的主体建筑是体积高大、巍峨壮观的扎仓（经堂）和拉康（佛殿）。它们矗立在寺院的中心位置，周围是数以千计低矮的康村（僧人住宅），辅以灵塔殿、转经廊、藏传佛塔等次要建筑，构成一座完整的藏传佛教建筑群。这种宗教建筑是在藏族碉房的基础上形成的，其建筑布局不同于汉族地区的佛寺，没有明显的中轴线，大多依山建造，根据地形较自由地布置各类建筑，整体比较散漫。建筑结构大多采用平顶密梁构架，宫墙厚实严密，窗户较小，使建筑物显得雄壮坚实。寺院建筑的外观注重色彩对比，往往通过大面积的红色墙身和白色经堂的强烈反差，并配以青、绿、墨色和大量金色作装饰，显示藏传佛教建筑奇异的风韵情调。

一、布达拉宫

在西藏的宗教建筑中，规模最宏大、气势最雄伟的是位于拉萨北玛布日山（红山）上的布达拉宫。唐贞观年间（627—649），松赞干布迁都拉萨后，为迎娶文成公主，"筑王宫于红山顶居之"。可惜于公元9世纪毁于兵火。清顺治二年（1645），五世达赖命令总管第巴·索南饶丹主持重建布达拉宫，历时8年建成白宫部分。顺治十年（1653），五世达赖受清朝皇帝册封后，由哲蚌寺迁居布达拉宫。乾隆五十五年（1790），在总管第巴·桑结嘉措的统一经营下，集中全藏人力、物力建造五世达赖灵塔，并扩建红宫部分。三年后，主体建筑竣工。此后，经不断扩建和增修，形成现在的规模。

┊ 布达拉宫 ┊

布达拉宫自红山南麓依山势蜿蜒而上，直至山顶，是由一组组富丽堂皇的宫殿、灵塔、佛殿、经堂、僧舍、平台、庭院等组成的宫堡式建筑群。宫体主楼外观13层，但内部实为9层。为加重崇高感，特意在下部加设几层封死的盲窗。宫墙全部用花岗岩砌筑，厚达2～5米，墙基深入岩层，巧妙地利用山势，随地形自由布置，形成前后高低的错落变化。

宫堡群中央的红宫是整个建筑群的主体，主要是历世达赖的灵塔殿和各类佛堂。宫中央有8座灵塔殿，以五世达赖的灵塔殿为最大。灵塔高14.85米，金皮包裹，珠宝镶嵌，耗用黄金11.9万两，珍珠4000余颗。两旁陪衬8座银质佛塔，将灵塔点缀得更加雄伟庄严。灵塔殿东面的大殿，是五世达赖的享堂，面积约680平方米，为红宫最大的宫殿。墙上有描绘五世达赖生平事迹的壁画，尤以他进京朝见顺治帝的一幅最为显著。位于红宫最西部的十三世达赖的灵塔殿也十分华美，塔身遍缀珠宝玉石，塔前建有一座用20万颗珍珠串成的珍珠塔。

红宫东侧的白宫，是达赖理政和居住的宫殿。白宫平面呈梯形，内设天井，高7层，多为藏式平顶。主殿东大殿建在第四层，是达赖举行坐床、亲政大典等重大宗教、政治活动的场所。殿正中供奉格鲁派创始人宗喀巴的坐像，其周围环绕几十尊小型金佛。殿四壁绘有精美的壁画，色彩鲜艳，题材丰富，既有佛教经典和神话，也有西藏独特的礼乐习俗，包括文成公主进藏故事及抵达拉萨时受到隆重欢迎的热烈场面。达赖的寝宫建在第七层，因终日阳光普照，称为日光殿。

宫堡群南面的平坦地带是一座方城，东西长300余米，南北宽300米，东、南、西三面各设有宫门。南门为正门，高3层。城墙东西两角建有角楼，墙顶有女墙和走道，可供巡逻士兵行走。城内是一片低矮的房屋和曲折的街道，里面有西藏政府机构、印经院、造币厂、监狱和为达赖服务的作坊、马厩等附属设施。

布达拉宫是一座典型的藏传佛教寺，集中反映了西藏建筑的艺术特色。宫堡群用块石依山就势建造，并采取高低错落的空间组合手法，使宫殿牢牢生根于山上，与山融为一体。主体建筑红宫高耸于山顶，宫顶采用汉族传统的歇山屋顶并覆盖鎏金铜瓦，姿态轻盈飘逸，与整个宫堡群形成对照。山后宁静幽雅的龙王潭映衬着布达拉宫，构成优美的环境空间，烘托出宫殿建筑的雄伟壮观。红宫外墙和白宫外墙大面积的红白色，形成色彩鲜明的对比。而整座建筑群以红白两色为基调，分别配以青、绿、黑色和大量金色作装饰，在蓝天白云的衬托下，又形成一种丰富多彩的对比之美。布达拉宫的艺术成就，充分显示藏族建筑匠师的杰出艺术才华。

二、宝光寺

在清代重建的佛寺中，四川成都市新都区城北的宝光寺以规模宏大、布局完整而著称，被誉为四川佛教丛林之冠。相传始建于东汉，隋代称大石寺。唐中和元年（881）黄巢起义军攻破长安，唐僖宗逃蜀时曾驻跸此寺，赐名宝光寺。明代寺废。清康熙九年（1670）重建殿宇，恢复寺院，至咸丰年间形成现在的规模。

宝光寺采用传统的佛寺建筑布局，自山门起，在中轴线上依次排列着天王殿、七佛殿、大雄宝殿、藏经楼等主要建筑，层层加高，空间富于变化，显示中国宫殿式建筑群的宏伟气势。

高耸在七佛殿前庭院中的宝光塔，方形密檐式，十三重檐，通高30米，塔刹为鎏金铜宝顶，塔身每层四面嵌佛像，造型奇巧，是早期佛寺"寺塔一体，塔居中心"的典型布局。大雄宝殿建于咸丰元年（1851），单檐歇山顶，面积700平方米，主体结构36根柱子为整石雕凿而成。藏经楼建于道光年间，重檐歇山顶，高20余米。全寺主要建筑均采用石柱，共用粗大石柱400余根。念佛堂内有一座清代石凿舍利塔，由三代石匠用一巨大青石精心雕凿而成。塔高5.5米，分为三层，中间凿空，呈六方宫殿形，浮雕精美绝伦。

宝光寺罗汉堂以塑像奇巧而闻名。罗汉堂建于咸丰元年，平面呈田字形，形成四个天井，供室内采光通风。堂内有佛、菩萨、罗汉、祖师塑像共577尊，每尊高约2米，全身鎏金，色泽鲜丽，神态各异，造型精巧，甚至连康熙、乾隆、济颠等都跻身其中。

三、宏福寺

宏福寺位于贵州贵阳市著名的风景胜地黔灵山，又称黔灵山寺。康熙十一年（1672）由赤松和尚创建，乾隆以后进行多次维修和扩建。清阎兴邦《黔灵山碑记》引寺人语称："此盖大罗木寨民罗氏世业，康熙十一年，（赤松和尚）杖锡到此，爰其上有平原地，可以结庵，因乞之罗氏，至十二年而大殿两廊告成。又五年，而经楼五间、余殿若干，亦次第毕工。"当年此寺香火兴盛，为全黔佛寺之冠。

宏福寺建筑坐西朝东，与一般佛寺坐北朝南的布局方式相异。寺院平面呈"甲"字形，分为左、中、右三条轴线和前、中、后三进院落。大佛殿、观音殿、天王殿、关帝庙、法堂、经楼等主要殿堂均排列在中轴线。山门是一座雄伟高大的石牌坊，上面镌刻"黔南第一山"五个鎏金大字。经山门进入由三面空花围墙围合的第　进院落，里面殿堂、庑廊齐备。第二进院落居寺院的中心位置，是一座典型的四合院。正殿为大佛殿，殿内供奉大腹便便的弥勒佛像，并配一副风趣的楹联："开口便笑，笑古笑今，凡事付之一笑；大肚能容，容天容地，于人何所不容。"两侧的十八罗汉像姿态各异，生动传神。大佛殿面阔5间，重檐歇山顶，架梁式木屋架结构，出檐用西南地区佛寺建筑常用的木雕撑拱，额枋雕饰精美的二龙戏珠。第三进院落为石砌台基3层，高丈余，空间错落有致，开朗高敞。

宏福寺坐落在杖钵峰、宝塔峰、象王岭相交的平地上，三面青山环抱，绿荫如盖。寺院右侧的象王岭，海拔1 300米，岭上有瞰筑亭，俯视贵阳城，历历在目。山下的黔灵湖碧波荡漾。寺院的殿堂楼阁与湖光山色融为一体，构成一幅天然画面。

四、席力图召

席力图召位于内蒙古呼和浩特市旧城石头巷，是一座典型的蒙古族藏传佛教寺。明末，这里只是一座小庙。万历年间，主持寺庙的席力图一世呼图克图希体图噶因精通蒙、藏、汉三种文字，深谙佛教典籍，受到顺义王阿勒坦汗的推崇，召中香火日盛。

清初，席力图召在朝廷的支持下，规模日益扩大，特别是经过康熙二十七年（1688）和三十三年（1694）的两次扩建，使之成为蒙古族地区著名的藏传佛教寺之一。康熙三十五年（1696），康熙帝平定准噶尔部贵族噶尔丹叛乱后，凯旋回师时驻跸呼和浩特，以经典、念珠、弓矢、甲胄等物赐予召中，并命汉名为延寿寺。

蒙古族佛寺的建筑形制与藏族藏传佛教寺有质的区别，除在寺院设置供僧众诵读经文的大经堂外，基本沿用汉族地区佛寺的建筑布局。这在席力图召得到典型体现。寺内建筑自牌楼至大殿形成一条中轴线，共计五进院落。过牌楼为天王殿，左右各开一扇拱形山门，山门两侧有钟鼓楼和东西庑殿。天王殿后的广场两侧建有厢房、仓房和碑亭，正中为菩提殿。菩提殿后建主殿大经堂，其后是佛楼。东西两院为僧人住宅和佛殿。

大经堂重建于康熙三十五年，由前廊、经堂、佛殿三部分组成。前廊面阔7间，下层是装饰华丽的藏式廊柱，上层外墙四壁用彩色琉璃砖镶砌，并贴有镀金铜饰。经堂高二层，面阔、进深均为9间，用满堂柱64根，上承平顶。经堂中央三间的平顶上开有侧窗，上覆歇山顶，形状如天窗。这种满堂柱、平屋顶、中间设置采光窗的建筑式样，为蒙古族寺院经堂普遍采用。殿顶覆绿色琉璃瓦，脊上装饰铜铸鎏金宝瓶、法轮、飞龙和祥鹿，与朱门彩绘相辉映，色彩绚丽，气势非凡，产生强烈的艺术效果。经堂后面的佛殿已焚毁。

塔院内有一座汉白玉白塔，高约15米，建在汉白玉栏杆围绕的平台上。塔基上有精美的须弥座，座身装饰火焰、金刚杵、狮子等浮雕图案。须弥座四角各立一根悬空的雕龙柱，形式别具一格。须弥座上有4层台阶形方台，逐层内收，造型十分优美。台子上方是挺拔秀丽的覆钵形塔身。塔身雕饰丰富，用彩色勾勒出各种图案花纹。在相轮部分，从宝盖垂下的两个镀金铜饰，恰似双耳下垂，使其造型比一般藏传佛塔更完美。显然，比起元代体量硕大、风格粗犷的藏传佛塔，这座塔的塔身及塔刹皆修长清秀，是清代藏传佛塔的典型实例。

席力图召

● 席力图召有四个附属寺院：广寿寺（在东乌素图村老园子西），永安寺（又称哈达召，在大青山后达茂旗），普会寺（在达茂旗锡拉木伦，即召河），延禧寺（又称巧尔齐召，在呼和浩特市旧城五十家街），均建于康熙年间。

五、五当召

五当召位于内蒙古包头市东北大青山南麓柳树沟内。蒙古语中"五当"意为柳树，"召"意为庙，因寺庙周围柳树繁茂而得名。该召始建于清康熙年间，原名巴达嘎尔庙。藏语"巴达嘎尔"意为白莲花。乾隆十四年（1749），一世活佛罗布桑加拉措按照从西藏带回的图样，进行大规模扩建。从此，五当召成为内蒙古西部最负盛名的藏传佛教寺。

蒙古族的藏传佛教寺大多为汉藏结合式，唯独五当召是一座纯用藏式建造的佛寺建筑。它以西藏日喀则扎什伦布寺为蓝本，在两条山谷交汇的山岗南坡上，主体建筑六殿、三府、一陵依山势自由布局，各成一体，两侧散置一栋栋僧人居住的房舍。寺院总体布局没有中轴线，房屋殿宇鳞次栉比，错落有致，形成占地300余亩，房屋2 500余间的庞大建筑群。

位于寺院建筑群最前端的苏古沁独殿，是五当召的主殿，凡属全寺性的集会都在这里举行。殿建于乾隆二十二年（1757），高22米，占地1 500平方米。殿内陈设豪华无比，装修富丽堂皇。前堂为大经堂，堂内立柱全用绣龙的栽绒毛毯包裹，地上铺设地毯，四壁满布重彩壁画；后堂正中供奉释迦牟尼塑像。苏古沁独殿西侧的却依林独殿，建于道光十五年（1835），是专门讲授佛教教义的场所。殿内供奉高达10米

｜五当召｜

的释迦牟尼铜像，是五当召最大的铜铸佛像。高居于这两座殿宇之上的洞阔尔独殿，是五当召的中心建筑。殿建于乾隆十四年，是讲授天文、地理、占卜、历法及数学的场所。殿前有宽阔的讲经台，寺院僧人按时在这里学经，并接受口试。洞阔尔独殿西侧的当圪希德独殿，建于乾隆十五年（1750）。殿内供奉威德金刚、可畏金刚、胜乐金刚等9尊护法神，造型狰狞可畏。山顶巍然屹立的日木伦独殿，建于光绪十八年（1892），是六大殿中修建最晚的一座。这里是讲授藏传佛教历史及教义的场所，殿内供奉高达9米的宗喀巴铜像，两侧壁龛内有1 000尊宗喀巴泥塑像。传授医学的阿会独殿建在全寺最高处，是五当召唯一的面西朝东佛殿。殿内正中供奉释迦牟尼及弟子阿难、迦叶，两侧为十八罗汉和四大天王塑像，东壁墙上有描绘吉祥天女和时轮金刚的重彩壁画。

六座佛殿形制大体相似，外观为二层，洁白方整的墙体开设藏式梯形窗和赭红色墙檐，墙上点缀镀金的铜镜等饰物。殿顶正中设置鎏金铜法轮，法轮两侧有鎏金铜鹿对卧，四角耸立巨大的铜宝幡和三股戟，宝幡上铸降魔杖、宝瓶、伞盖、宝剑等八宝图案。整座建筑群金碧辉煌，光彩夺目，体现藏式建筑的独特风格。

六、雍和宫

清初，藏传佛教在蒙古族和藏族地区拥有强大的势力。清朝政府为加强对北疆的统治，巩固国家统一，对少数民族采取怀柔政策。为此，清朝在内地建造许多藏传佛教寺，最具代表性的是北京雍和宫和承德外八庙。

位于北京安定门内的雍和宫，是北京城最大的藏传佛教寺。这里原为雍亲王府，即清世宗雍正即位前的府邸，建于康熙三十三年（1694）。雍正三年（1725）改为行宫，始称雍和宫。雍正十三年（1735）雍正死后因曾停柩于雍和宫永佑殿内，移棺前将永佑殿、法轮殿等主要殿堂由原来的绿琉璃瓦改为黄琉璃瓦，升格为宫殿级建筑。乾隆二年（1737），雍正棺椁移葬西陵后，奉雍正影像于永佑殿，改称神御殿。此后，雍和宫成为清朝皇帝供奉祖先的影堂。乾隆九年（1744），按照清朝已故皇帝生前居住过的府第都改作寺庙的惯例，将雍和宫改建为藏传佛教寺，成为清政府管理藏传佛教事务的中心。

雍和宫是一组规模宏大、布局完整、巍峨壮观的宗教建筑群。前半部布局疏朗开阔，除最南端有三座高耸的琉璃牌坊外，在牌坊至昭泰门前一条长达 200 米的甬道旁，仅有寥寥可数的门、楼、亭点缀其间。昭泰门以北的后半部则建筑密布，殿宇楼阁纵横交错。在南北中轴线上依次排列着天王殿、雍和宫、永佑殿、法轮殿、万福阁等五进大殿，与之相映衬的是东西配殿、四学殿（即讲经殿、密宗殿、数学殿、药师殿）及周边的钟楼、鼓楼、碑亭等附属建筑。五进大殿，自南向北，拾级而上，层层增高，更加显示雍和宫建筑群整体造型的磅礴气势。

正殿雍和宫位于天王殿的北面，原为雍亲王府的银安殿，是雍亲王胤禛会见文武官员的场所，改建为藏传佛教寺后仍名雍和宫。殿内供奉三世佛，每尊佛像高 2.8 米，形象端庄肃穆。两侧是中国和尚装束的

十八罗汉塑像，每尊高 1.5 米，神态各异，造型生动。令人称奇的是，每尊塑像背后都有一幅印度式装束的罗汉绣像。这种中印对照的十八罗汉陈列方式，是雍和宫的独创。

法轮殿是雍和宫内面积最大的殿堂，为雍和宫僧人集中诵经的场所。殿前后各接出 5 间卷棚歇山顶抱厦，平面呈十字形，正殿面阔 7 间，东西配殿面阔 5 间，两侧各建一座垛楼。最具特色的是，在黄瓦玉阶的法轮殿顶上，设置五座天窗式的小阁，阁上各有一座鎏金铜质藏传佛塔，从而形成融汉族传统宫殿与西藏宗教式装饰于一体的建筑风格。因此，这种异域情调就成为雍和宫的特有标志。法轮殿正中供奉藏传佛教格鲁派创始人宗喀巴法师铜像，高达 15 米。铜像背后是精美绝伦的五百罗汉山雕塑。殿内东西两壁绘有以释迦牟尼故事为题材的壁画，采用藏画传统技法，色彩鲜艳，形象生动，富有浓厚的宗教气息。

最北端的万福阁是雍和宫最高大的建筑物。万福阁始建于乾隆十八年（1753），黄瓦歇山顶三层楼阁，面阔 5 间，进深 3 间。万福阁左有永康阁，右有延绥阁，两阁各有悬空阁道与万福阁相通。这 3 座靠天桥从空中连接，凭空而起的阁楼，构成宫内一组最为宏丽轩昂的建筑群。这种造型新颖别致的建筑，多见于唐代佛教壁画，为中国古代木结构建筑的杰作之一。万福阁因供奉一尊高大的木雕弥勒佛立像，获"大佛楼"之美称。佛像由一根直径 3 米的整棵白檀香木精雕而成，从头到脚高 18 米，加上埋在地下的底座，共 26 米，为中国现存木雕巨佛之一。万福阁东西两侧有两座配殿，东侧为照佛楼，西侧为雅木达嘎楼，各殿楼阁中都供奉着各式各样的法物和佛像。照佛楼内有一座金丝楠木佛龛，与法轮殿的紫檀木五百罗汉山、万福阁的白檀木大佛，被誉为雍和宫"木雕三绝"。

雍和宫的建筑呈现汉、满、蒙、藏等民族建筑的不同风格。作为一座由王府改建的藏传佛教寺，雍和宫在平面布局上仍保留一定的王府建筑规制，如沿南北中轴线的布局，大殿为七开间，两侧有配殿等。然而，改建后的雍和宫，在原有宫殿式建筑的基础上，增加了明显的藏、蒙、满等民族风格。例如，法轮殿顶天窗式的暗楼和鎏金铜质藏传佛塔，宫内众多的佛仓和连房，御碑亭内用汉、满、蒙、藏四种文字书写的"四体两统碑"，以及造型别具一格的佛像、绘制精湛生动的壁画。这些具有强烈藏传佛教风格的建筑和雕塑，使雍和宫成为著名的宫殿式藏传佛教寺。

七、拉卜楞寺

拉卜楞寺在甘肃夏河县大夏河北岸，是藏传佛教格鲁派六大寺院之一。康熙四十八年（1709），嘉木样一世活佛在蒙古和硕特部在青海的首领察汗丹津的资助下，主持兴建。寺院曾是甘、青、川交界地区藏族的政治、宗教、文化中心，最盛时有僧侣3 500多人。

寺院规模宏大，气势磅礴，占地1 300余亩，有六大学院、十八佛寺，以及佛塔、辩经坛、藏经楼、印经院、活佛公署、僧人住宅等建筑，到处金瓦红墙，雕梁画栋，形成一个高低错落、栉比相连的庞大建筑群。

六大学院中的闻思学院是全寺规模最宏大的建筑，分为前殿、正殿、后殿三部分。前殿为面阔7间的楼房，殿内供奉唐太宗、松赞干布和嘉木样一世的塑像，四壁彩绘诸佛、菩萨。正殿是全寺面积最大的殿堂，面阔15间，进深11间，可容4 000僧人同时诵经。殿内悬挂乾隆御赐"慧觉寺"匾额，供奉释迦牟尼、宗喀巴及历代嘉木样活佛塑像。由于没有窗户，殿堂照明全靠百余盏酥油灯。在烟雾弥漫中，殿内悬挂的各色彩幡、精美绣佛和幢幡宝盖若明若暗，颇有神秘莫测之气氛。殿顶平坦宽广，上置雕刻精巧华丽的金宝瓶、金羊、金轮等装饰物，光彩夺目。后殿是历代嘉木样活佛行坐床典礼的场所，殿内正中供奉鎏金弥勒大铜佛，右为八大菩萨，左为历代嘉木样活佛舍利塔。

拉卜楞寺有多座巍峨壮观的佛殿，最著名的是俗称大金瓦殿的弥勒佛殿。殿为六层宫殿式建筑，高达26米，殿顶覆鎏金铜瓦，屋脊有鎏金铜狮、铜龙、铜宝瓶、铜法轮等装饰物，金光灿烂，宏伟壮观。殿内供奉高达10米的弥勒佛铜像，是尼泊尔工匠的杰作。弥勒佛殿西

拉卜楞寺

侧的释迦牟尼殿，俗称小金瓦殿。殿高8层，仿拉萨大昭寺而建，殿顶亦覆鎏金铜瓦，与大金瓦殿交相辉映。殿内供奉高达15米的释迦牟尼铜像。宗喀巴佛殿正中供奉高6.2米的宗喀巴铜像，两侧供奉观世音和大势至等菩萨像。

寺内建有多座佛塔，外刷白灰，粉白耀眼，在红墙金瓦之间显得格外鲜明。最引人注目的是一座高大的藏传佛塔。塔身的造型为覆钵式，与北京北海白塔相似，但它的基座没有采用通常的折角须弥座，而是下砌五级重台，逐层向内收缩，如同一座方坛。台的正中建有方形塔座，每面做成4间空廊环绕，廊顶承托着砖砌平台。塔身矗立在平台正中，下部用六层八角形基座承托，并层层内收，致使塔腹底边直径狭窄，显得稳重牢固。塔刹由13层相轮组成，形状如北海白塔。塔的整体造型虽然类似一般藏传佛塔，但在局部处理上，不失鲜明的地方特色。

拉卜楞寺建筑布局严谨，主次分明，重点集中，寺内殿堂楼阁错落有致，飞檐雕刻金碧辉煌，金瓦红墙色彩鲜明，具有典型的藏族建筑风格。

八、承德外八庙

康熙五十二年（1713）至乾隆四十五年（1780），清朝政府在河北承德避暑山庄的东、北部山坡上，相继建造 12 座藏传佛教寺。其中，溥仁寺、溥善寺（已毁）、普宁寺、安远庙、普陀宗乘之庙、殊像寺、须弥福寿之庙、广缘寺等 8 座寺庙，驻有朝廷派往的僧人，其银饷由理藩院发放，而且在京师之外，故俗称外八庙。

外八庙是清朝政府在解决新疆、西藏、蒙古等地边疆少数民族问题后，为前来承德朝觐的各族王公贵族、宗教领袖观瞻、居住和进行宗教活动而建造的。它的兴建，密切了汉、满、蒙、藏等民族之间的关系，是中国各民族团结统一的历史见证。八庙依山就势，围绕避暑山庄而布局，形成百川归海、众星捧月之势，显示各民族团结统一、心向朝廷的意向。

外八庙在建筑布局、造型、装饰等方面，以汉族传统宫殿建筑为基调，吸收蒙、藏、维等民族建筑的风格和手法，成为各民族建筑文化相融合的典范。在建筑布局上，外八庙将汉族佛寺的轴线对称式和藏传佛教寺院的自由式布局相结合，建筑物分布采汉式作法，立体轮廓取藏式特征，甚至以山为基座，突出主体建筑形象，从而打破中国传统建筑以水平线为主调的构图方式。在建筑造型上，外八庙的建筑形式别具一格，各放异彩，或沿袭汉式建筑造型，或采用藏式建筑式样，或依照新疆寺庙形制，亦有兼而用之者，表现了丰富多彩的造型风格。在建筑装饰上，外八庙不仅应用琉璃瓦顶、牌楼、天花藻井、磨砖、彩画等汉族建筑传统手法，而且广泛吸收鎏金铜瓦、法铃宝顶、藏传佛塔、红白高台、梯形窗等藏族、蒙古族建筑手法，极大丰富了佛寺建筑的艺术表现力。因此，外八庙是康乾盛世建筑艺术辉煌成就的重要标志。此后，清王朝日益衰败，再无能力建造如此规模的佛寺建筑群。

承德外八庙

🔺 外八庙是河北承德避暑山庄东北部八座藏传佛教寺庙的总称。在这里可以瞻仰西藏布达拉宫的气势，浏览日喀则扎什伦布寺的雄奇，领略山西五台山殊像寺的风采，欣睹新疆伊犁固尔扎庙的身影，还可以看到世界最大的木制佛像千手千眼观世音菩萨。是汉、蒙、藏文化交融的典范。承德外八庙反映出清代前期建筑技术和建筑艺术的成就。

（一）溥仁寺

溥仁寺在避暑山庄东面，与溥善寺同建于康熙五十二年，是外八庙中建造最早的寺庙。当时，为祝贺康熙帝六十寿辰，蒙古各部王公贵族来避暑山庄，请求为皇帝建庙。康熙允其所请，在武烈河东岸建造这两座寺庙，供蒙古诸部落聚会使用。

溥仁寺的建筑布局遵循汉族佛寺的形制，主要建筑沿南北中轴线对称布置。山门面阔3间，进深2间，两侧设腰门。入门后，两侧有一对石幢杆，幢杆北面有钟楼、鼓楼。山门正北的天王殿，面阔3间，进深

2 间，单檐歇山顶，殿两侧设腰墙。天王殿北为正殿，名慈云普荫，面阔 7 间，进深 5 间，单檐歇山顶，覆黄琉璃瓦，檐下用重昂五踩斗拱，四周环绕围廊。殿中央三间设门，左右设窗，殿内正中供奉三世佛，两侧为十八罗汉。殿前东西各立石碑一通，分别用汉、满两种文字刻康熙御制溥仁寺碑文。正殿左右的配殿，均面阔 5 间，进深 3 间。后殿名宝相长新，九楹三进，硬山顶，檐下施三踩单昂斗拱，殿内供奉九尊无量寿佛。后殿前有东西配殿各五间，用廊庑与后殿相连，形成三面封闭的院落。

（二）普宁寺

位于避暑山庄东北 1.25 千米、武烈河北岸的普宁寺，建于乾隆二十年（1755）。据乾隆御制《普宁寺碑记》载，是年五月平定厄鲁特蒙古准噶尔部首领达瓦齐叛乱，冬十月，在避暑山庄宴赉和封赏厄鲁特蒙古四部的首领，并循旧制修建此庙。由于这些部落均信奉藏传佛教，便仿照西藏佛教圣地三摩耶庙形制建庙。取名"普宁"，意在祝愿广大臣民安居乐业，普天安宁。

普宁寺是一座汉藏混合式布局的藏传佛寺，分为前后两大部分。自山门至大雄宝殿为前部，采用汉式佛寺的布局方式，主要建筑均设置在南北中轴线上。山门外耸立三座木牌坊，环列于东南西三面。山门面阔 5 间；进深 1 间，单檐歇山顶，覆黄琉璃瓦。门殿内设置泥塑哼哈二将，门内有幢杆，东西两侧是钟楼、鼓楼。山门正面有座碑亭，面阔、进深均 3 间，重檐歇山顶，覆黄琉璃瓦。碑亭内置乾隆御制石碑三座，中为"普宁寺碑"，东为"平定准噶尔勒铭伊犁之碑"，西为"平定准噶尔后勒铭伊犁之碑"，四面用满、汉、蒙、藏四种文字镌刻碑文。碑亭北为天王殿，正中供奉布袋和尚木胎雕像，两侧是四大天王。天王殿正北的大雄宝殿，坐落在 1.4 米高的青石须弥座基上。殿面阔 7 间，进深 5 间，重檐歇山顶，覆绿剪边黄琉璃瓦，正脊中央置鎏金舍利塔。殿内正中供奉三世佛，每尊佛像高 4.9 米，两侧为木制十八罗汉，山墙上绘十八罗汉壁画。大雄宝殿东西的配殿，均面阔 5 间，进深 3 间，单檐歇山顶。

自大乘之阁起，寺院后半部均建在一个高达 9 米、满布雕刻纹饰的

承德普宁寺

石砌金刚宝座上，具有明显的藏式建筑风格。主体建筑大乘之阁仿三摩耶庙乌策殿建造，通高 37.4 米，面阔 7 间，进深 5 间，正面外观为六重屋檐五层楼阁，背面则为四层。从尺寸上看，阁的面阔和进深逐层收缩，到第四层面阔收成五间，进深为三间，四角的每间单独成为一个小方亭，覆黄琉璃瓦攒尖屋顶，设置四个铜质鎏金宝顶。中央三间较高，覆一较大四方攒尖屋顶，上置大型鎏金宝顶，从而构成四隅小顶拱卫中央大顶之势。大乘之阁为木梁柱结构，内部分三层，由底层至顶层贯通一气，在高 1.2 米的汉白玉须弥座上供奉千手千眼观音菩萨像。观音像通高 22.28 米，重 110 吨，用 120 立方米的松、柏、榆、杉、椴等木材雕刻相拼而成，是我国著名的木雕佛像之一。观音像两侧侍立高达 14

承德普宁寺佛塔

米的木雕善财、龙女像，与观音组成巨像群，蔚为壮观。因此，普宁寺又有"大佛寺"之美称。

大乘之阁的四方各置一座形状不同的大型台殿，分别为梯形殿、方形殿、月形殿和日形殿。大乘之阁的四角耸立四座藏传佛塔，颜色各为白、绿、黑、红。四塔均为宝瓶形，塔身上部置十三层相轮；相轮上置承露盘，盘上置日、月，象征日月（阳阴）相交产生甘露注入宝瓶。大乘之阁的东西各有一座长方形白色台殿，东为日殿，西为月殿。

显然，普宁寺后半部是藏传佛教曼荼罗式布局。主体建筑大乘之阁在高台上居中矗立，东西两侧是象征太阳和月亮的日殿、月殿，四周的藏传佛塔，周围罗列部洲山。

（三）安远庙

安远庙，俗称伊犁庙，是乾隆二十九年（1764）仿照新疆伊犁固尔扎庙规制修建的佛寺。固尔扎庙是当地规模最大的一座寺庙，每年夏季准噶尔的远近部众都到这里集会，顶礼膜拜。乾隆二十一年（1756），清政府平定民族分裂分子阿睦尔撒纳叛乱时，固尔扎庙被叛军焚毁。平叛后，准噶尔部达什达瓦族全部迁往承德普宁寺附近的山下居住。为给他们提供佛事场所，乾隆命在武烈河东岸修建此庙。正如乾隆在《安远庙瞻礼书事》碑文所云："然予之所以为此者，非唯阐扬黄教之谓，盖以绥靖荒服，柔怀远人，俾之长享乐利，永永无极云。"

安远庙平面布局为长方形密合式结构。庙面向西南，有三层垣墙。最外层墙正面及两侧设三座棂星门。山门设在二进墙垣正中，砖石结构，重檐歇山顶，有拱券门三洞。最内层周围有 64 间房屋环绕，内平面呈"回"字形。正中门殿内立御制石碑，镌刻《安远庙瞻礼书事（有序）碑文》。最内层中央是主殿普度殿。殿为正方形建筑，面阔及进深均为 7 间，高 27 米，三重屋檐，一、二层为单檐，第三层为重檐歇山式，殿顶覆黑色琉璃瓦。黑瓦覆顶在佛寺建筑和皇家建筑群中极为罕见，再加上高达 8.8 米、为整个建筑高度三分之一的大屋顶，其造型、尺寸及琉璃瓦的颜色，在中国古代建筑形式中独树一帜。殿内底层供奉绿度母塑像，与固尔扎庙主尊相同；第二层供奉三世佛和六大菩萨；第三层供奉大威德金刚。底层四壁绘有色彩艳丽的佛教壁画，描写神佛战胜"八可畏"的故事。顶部为八角形藻井，中央悬盘龙衔珠图案，精美华丽。

（四）普陀宗乘之庙

位于避暑山庄正北的普陀宗乘之庙，是外八庙中最为壮观的一座佛寺。乾隆三十五年（1770）是乾隆帝六十寿辰，次年是皇太后钮钴禄氏八十寿辰。乾隆想借蒙古、西藏、青海、新疆等地的少数民族王公贵族来承德祝寿之机，利用藏传佛教对他们进行绥抚，特命内务府仿达赖在西藏拉萨所居布达拉宫的样式建造此庙。乾隆三十二年（1767）三月动工，原计划三年竣工，因施工过程中失火，延至三十六年（1771）八月竣工。"普陀宗乘"是藏语"布达拉"的汉译，因规模小于布达拉宫，俗称"小布达拉宫"。

普陀宗乘之庙建在一座山坡上，几十座大小建筑依山就势，自然散置，由南向北逐层升高，气势雄伟，颇为壮观。全寺布局分为前后两大部分。自山门、碑亭、五塔门至琉璃牌坊为前部，集中在山坡，均衡对称，具有汉族佛寺的建筑风格。琉璃牌坊后面，是由 30 余座殿台、楼台、敞台、实台等组成的白台群。这些形状不一、体量不等、功能各异的大小白台，随山势层层向上，布局灵活，错落有致，具有浓郁的藏传佛教建筑风格。

| 普陀宗乘之庙 |

  矗立在山巅的大红台，是寺院的主体建筑。大红台建在高17米的白台基上，下部用花岗石砌筑，上部砌砖，壁面开设三层深紫色的盲窗作为装饰，红白相间，色彩鲜明。白台之上的红台，高达25米，上宽58米，下宽59米，共七层，一至四层为实心，设置盲窗，上部三层真窗与盲窗相间排列。大红台正中，自下而上嵌饰六座佛龛，龛上装饰黄绿相间的琉璃幔幛，龛内为无量寿佛坐像。大红台中部的万法归一殿，面阔、进深均为7间，重檐攒尖顶，覆鎏金鱼鳞铜瓦，四脊饰波纹，法铃宝顶。此殿为普陀宗乘之庙的主殿，是举行集会和庆典活动的中心场所。乾隆三十六年，乾隆曾在这里接见万里跋涉、回归祖国的土尔扈特部落首领渥巴锡，并举行大型讲经祝寿活动。大红台东是落伽胜境殿和权衡三界亭；台北的最高点有慈航普度亭。两亭均为重檐攒尖顶，覆鎏金铜瓦，金光灿烂。红墙白台和气势雄伟的大红台，与周围造型各异、鎏金宝顶的亭楼殿阁遥相呼应，在蓝天白云、苍松翠柏的映衬下，显得庄严而壮丽。

清代建筑雕塑史

（五）须弥福寿之庙

位于普陀宗乘之庙东面的须弥福寿之庙，是外八庙中建造最晚的一座佛寺。乾隆四十五年（1780）是乾隆帝七十寿辰，西藏政教领袖班禅额尔德尼六世请求来承德朝觐，参加皇帝七十寿辰庆典。乾隆对此极为重视，仿顺治帝在北京建造西黄寺以接待达赖五世进京朝觐的先例，按班禅西藏的住所扎什伦布寺的形式修建此庙，作为班禅的行宫。"须弥福寿"是藏语"扎什伦布"的汉译，意谓此庙像吉祥的须弥山一样多福多寿。

须弥福寿之庙的总体布局分前、中、后三部分，主要建筑沿南北中轴线布置，两侧建筑大体对称。前部与普陀宗乘之庙基本相同，由五孔桥、山门、碑亭、石狮、白台、琉璃牌坊组成一支庄重的前奏曲。牌坊是前、中部的分界，在其北面是稳重而又华丽的大红台，为全寺建筑的中心。大红台上面的妙高庄严殿，是班禅居住时讲经说法之地；台西北的吉祥法喜殿，是班禅的寝殿；台东的御座楼，是乾隆帝的休息处。后部山坡上的金贺堂和万法宗源殿，是班禅弟子和随从的住所。最北边高岗上耸立一座万寿塔。塔身七层八角，塔顶覆黄琉璃瓦，塔壁镶嵌绿琉璃面砖，犹如一颗璀璨的明珠，为寺院建筑群增添异彩。

大红台是一座三层藏式高台建筑，由三层群楼围绕三层阁楼组成，平面呈"回"字形，中央为妙高庄严殿，四周是群楼。群楼东西各13间，南北各11间。正南面的台壁上开设39个琉璃垂花窗，分三层排列，真窗、盲窗相间。位于群楼正中的三层佛殿——妙高庄严殿，是寺院的主殿。殿高28.8米，七开间，重檐攒尖顶，上覆鎏金铜瓦，瓦片成鱼鳞状，层层叠铺。令人称奇的是，金顶的四条斜脊做成波状，每条脊的两端各置一条栩栩如生的鎏金游龙，上面四条昂首探向攒尖升起的钟形宝顶，下面四条似乘风腾云跃向广袤苍穹，堪称中国古建筑屋顶形制中的巧构奇观。殿外一、二层及南北正中三间设前廊，其余四周设围廊，东西间设楼梯，使殿内中央一至三层由下到上贯通一气。殿内一层前面供奉宗喀巴塑像，后面供奉释迦牟尼塑像；二层正中供奉释迦牟尼，左右为两弟子阿难、迦叶，两侧为十八罗汉；三层供奉三尊密宗金刚像。

须弥福寿之庙的外观采用西藏的建筑形式，但在藏式建筑中又融进许多汉式建筑手法。例如藏式大红台的墙面上梯形窗改为矩形窗，并采用汉式窗扇，以黄绿两色琉璃垂花罩加以装饰；藏式金顶的瓦纹，脊上的金龙，正吻的梅鹿、孔雀等也进行艺术加工，体现出汉藏建筑艺术的结合；至于前部的山门、碑亭、牌坊和后部的琉璃宝塔，更是典型的汉式建筑。显然，比起其他寺庙，须弥福寿之庙在汉藏建筑手法的交融上更趋成熟，达到更高的艺术水平。

第二节

宫 观

>>>

宫观是道教敬神祭仙的祠庙。最初，道教进行斋戒、修行的场所，称为治、庐、馆等。随着道教礼仪的制度化和规范化，特别是唐代皇帝尊奉老子为宗祖，为道教修建规模宏大的宫殿式建筑，道教建筑得到空前发展。唐、宋以后，道教的醮仪道场与宫廷的祭祀活动逐步合而为一，宫观成为道教祠庙的正式名称，并成为与佛寺一样接受俗人祭拜供奉的场所。元代至明、清，宫观的形制已基本定型，通常由神殿、膳堂、宿舍三部分组成。宫观的总体布局普遍采用中国传统的院落式格局，在中轴线上安置灵官殿、玉皇殿、三清殿等主要殿堂，纯阳殿、邱祖殿等附属殿堂则根据宗派的需要来安排，或分列左右，或置于中轴线上。膳堂建筑由客堂、斋堂、厨房、仓房等组成，一般设置在宫观建筑群中轴线的侧面。宿舍是道士、信徒及游人住宿用房，大多灵活布置，在远离建筑群的地方单独设院。

明代中叶以后，随着道教的日趋衰落，官方对道教建筑的资助锐减，再也无力兴建武当山宫观那样庞大的道教建筑群。清代的总体趋势是重佛抑道。清朝定都北京后，清朝诸帝并没有对道教表示过分尊崇。清初，顺治为笼络汉人，对儒释道三教加以保护；雍正从三教一体的观点出发，对道教略加重视；乾隆则对道教大加贬降，将正一真人官阶由二品降至五品。清代，道教在上层的地位日趋衰落，但其在民间的宗教势力却相当大，道教宫观的修建遍及全国各地。例如嘉庆年间，四川地区共有宫观308所；清末，云南地区有宫观465所；随着汉族向边疆地区的迁移，东北、新疆、内蒙古等地也陆续兴建道教宫观。① 现存主要宫观有许多为清代重建，如北京白云观、成都青羊宫、苏州玄妙观，也有清代新建的，如北山玉皇阁、兰州白云观等。

一、北京白云观

北京白云观是道教全真派的著名宫观，有"全真第一丛林"之称。创建于唐开元二十七年（739），原名天长观。金大定七年（1167）重建，泰和三年（1203）改称太极宫。金正大元年（1224），长春真人邱处机自蒙古、西域拜谒元太祖成吉思汗归来后，被赐居于此，改名为长春宫。此后，长春宫经过大规模的重修与扩建，成为一座规模宏大的道教宫观。元末，毁于兵火。明洪武二十七年（1394）就其下院加以扩建，更名为白云观。明末，又毁于兵火。清康熙四十五年（1706）再次进行大规模扩建，乾隆、光绪年间，都曾进行修缮。现存建筑基本上是清代重修的，体现了清代道观的建筑形制。

白云观坐北朝南，由数进四合院组成东、中、西三路规模宏伟壮观的建筑群。主要建筑都设置在中路。最南面是一幢七层四柱的牌楼——棂星门，额枋上有"洞天胜境""琼林阆苑"二匾。牌楼北面的山门为拱形，设有三洞，象征天神、地祇、人鬼三界，内圈装饰弧形石雕。山门以内，依次排列着道观的五进大殿，即灵官殿、玉皇殿、七真殿、邱祖殿、四御殿，殿后为戒台和云集山房等。东西两路建筑对称设置，东路有南极殿、华祖殿、真武殿、火神殿、斗姥阁、罗公塔等，西路有八仙殿、吕祖殿、娘娘殿、五祖殿、后土殿等。显然，白云观的建筑是典

① 参见段玉明《中国寺庙文化》，上海人民出版社，1994年版，第99页。

北京白云观

型的道教宫观的基本格局，三路建筑井然有序，主次分明，特别是中轴线上的殿堂，无论是建筑外观还是殿内装饰，都比东西两路建筑显得高大宽敞，豪华气派。无疑，这正是中国封建社会等级森严、尊卑贵贱的观念在宫观建筑中的反映。

　　邱祖殿是白云观的主要殿堂，奉祀邱处机遗像。邱处机（1148—1227），字通密，号长春子，登州栖霞（今山东栖霞）人，全真派创始人王重阳的七大弟子之一。元太祖成吉思汗曾召见邱处机，十分欣赏他的治国方略和养生之道，命他掌管天下道教。此后，全真派得到迅猛发展，盛极一时。邱处机去世后，遗骨埋葬在此处，称为邱祖墓。

　　中路最北端的四御殿，是一座二层建筑的殿堂，在建筑群中显得格外高大。四御殿的上层称三清阁，是清代增建的建筑。阁内供奉玉清元始天尊、上清灵宝天尊、太清道德天尊等三位尊神。阁西侧的藏经楼，藏有明正统年间刊刻的《道藏》一部，是十分珍贵的道教文献。三清阁的下层是四御殿。四御殿内设有经坛和各种做道场用的经书、法器。

四御殿北面的云集山房，又名小蓬莱，是一座环境清幽的小花园。院内假山错落，树木繁茂，云华仙馆、友鹤亭、妙香亭、退居楼等点缀其间，显得格外幽静。显然，这是全真派注重清修、接近自然的思想在宗教建筑布局上的反映。

二、沈阳太清宫

道教以太清为神仙居处，因此，常常把宫观命名为"太清"，如河南鹿邑太清宫、沈阳太清宫等。

沈阳太清宫始建于康熙二年（1663），是道教全真派十方丛林之一。

| 沈阳太清宫 |

🔺 太清宫位于沈阳市，原名三教堂。清代康熙二年(1663)镇守辽东等处将军乌库理为关东道士郭守真创建。现为辽宁省道教协会与沈阳市道教协会所在地。

太清宫是一座规模较大的宫观，占地 5 000 余平方米，北窄南宽，平面呈梯形。宫观建筑布局采用传统的四合院对称形式，有老君殿、关帝殿、玉皇阁、灵官殿、吕祖楼、十方堂等殿堂。老君殿是太清宫的主要殿堂，奉祀太上老君塑像。殿建在平座石造台基上，面阔 3 间，进深 3 间，硬山青瓦顶，正脊装饰双龙戏珠，两端设鸱吻。后世曾多次重修和扩建，但基本格局未变。

三、千山无量观

辽宁千山是中国著名的风景区之一，位于鞍山市东南 25 千米处。早在隋唐之际，千山已形成寺庙建筑群。明代，千山相继建成祖越、龙泉、香岩、中会、大安等"五大禅林"。清初，道教开始在千山建造寺观，使千山寺庙宫观星罗棋布，成为辽东宗教圣地。

无量观是千山最早的道教建筑，由道士刘太琳创建于康熙六年（1667），原名无梁观，后来取道家法力无量之意，改称无量观。主要建筑三官殿、老君殿、西阁、玉皇阁等依山就势，或雄踞山顶，或隐现山腰，或深藏谷底，在苍松翠柏、奇峰怪石的掩映中，使建筑景观与自然景观融为一体，各尽其妙。

三官殿是无量观的正殿，坐落在山间盆地中，东西有厢房，前后建角门，形成一座幽静的院落。殿内正中供奉上元赐福天官尧、中元赦罪地官舜、下元解厄水官禹等三官塑像，墙上绘有尧王访禹、大禹治水壁画。三官像前为护法王灵官和护坛土地塑像，东侧是神态各异的八仙过海群像，西侧是安详端庄的瑶池金母像。三官殿东面的山坡上有老君殿，殿内供奉太上老君塑像，两侧墙上绘有老子过函谷关、孔子问礼于老子的壁画。玉皇阁巍然屹立在山顶，阁内供奉玉皇大帝塑像。

无量观四周怪石耸立，有形如平台的聚仙台，有状如象首、木鱼、鹦鹉的象首峰、木鱼石、鹦鹉石，也有狭窄得仅容一人扁身而过的夹扁石……奇形怪状、千姿百态的异石与无量观建筑群相映成趣。聚仙台旁的八仙塔、祖师塔，是清代建造的道教墓塔。

四、吉林北山玉皇阁

　　北山玉皇阁是吉林北山建筑群中地势最高，规模最大的庙宇，也是一组以道教为主，融儒、释、道为一体的宗教建筑。据《吉林外记》记载，玉皇阁始建于乾隆三十九年（1774），此后虽然重修，但仍保持原建筑风格。

　　玉皇阁采用传统的院落式布局，建筑依地势高低灵活布置，把整个建筑群划分为前低后高的两进院落。前院由山门、钟楼、鼓楼、祖师庙、观音殿、老郎殿、胡仙堂组成，后院由朵云殿及两厢客房组成。两院的主要建筑均设置在中轴线上，布局严谨，气势雄伟，与庭院的参天古树交相辉映，使玉皇阁充满浓郁的宗教气氛。

　　山门为一单间砖砌硬山式样，檐下是砖石叠砌的仿木椽头，屋顶脊线平直，简洁大方。山门后面耸立一座精美的木牌坊，上悬"天下第

| 玉皇阁 |

一江山"横额。牌坊东侧的祖师庙，供奉孔子、释迦牟尼、太上老君等儒、释、道三教始祖；牌坊西侧的老郎殿，供奉梨园祖师唐玄宗李隆基。

玉皇阁的正殿朵云殿是一座两层楼阁的建筑。殿堂具有北方高寒地区满族建筑的特色，两侧山墙高大厚实，山墙顶端直上二层，架出的梁枋支撑上部斗拱，屋顶出檐较小。楼上供奉玉皇大帝铜像，两侧侍立千里眼和顺风耳，墙壁绘有二十八宿神像。楼下供奉琼霄、碧霄、云霄等三霄娘神像。

五、成都青羊宫

四川成都市西郊的青羊宫，是清代重建的著名道教宫观。据《成都县志》记载，青羊宫古名青羊观，相传老子曾牵青羊由此经过，于是建观供奉老子。唐中和三年（883）扩建后，改称青羊宫。明末毁于兵火。清康熙七年（1668）重建，现存主要殿宇均为清代遗物。

青羊宫为中国传统的院落式布局，在南北中轴线上排列着灵祖楼、混元殿、八卦亭、三清殿、玉皇阁、降生台、说法台、唐王殿等建筑，殿阁高敞，气势雄伟。

三清殿是青羊宫的主殿，又名无极殿，始建于康熙七年，光绪元年（1875）重建。殿面阔5间，进深5间，硬山青瓦顶，用石圆柱28根、木圆柱8根建造，巍峨壮观，气势非凡。殿内供奉贴金泥塑三清尊神坐像，两侧各有六尊金仙。殿前有一对长0.9米、高0.6米的铜羊，俗称青羊，色如赤金，闪闪发光，格外引人注目。其中一只为单角铜羊，造型奇特，有鼠耳、牛鼻、虎爪、兔背、龙角、蛇尾、马嘴、羊须、猴颈、鸡眼、狗腹、猪臀，被认为是十二属相的化身。这只铜羊的座下有"雍正元年九月十五日自京移至成都青羊宫，以补老子遗迹"铭文字样，底座上有落款为"信阳子题"的一首诗："京师市上得铜羊，移往成都古道场。出关尹喜似相识，寻到华阳乐未央。"另一只双角铜羊，温顺可爱，是云南匠师陈文炳、顾体仁于道光九年（1829）铸造。

八卦亭是青羊宫最具特色的建筑物。始建年代不详，重建于清同治至光绪年间。亭建在重台之上，下为四方形台基，上为八角形台基。亭身呈圆形，象征道教信奉的"天圆地方"之说。八卦亭造型典雅，工艺精致。8根石柱镂雕盘龙，形象栩栩如生；藻井八方装饰的八卦图案，色彩华美艳丽；亭顶覆盖黄绿琉璃瓦，重檐八角攒尖顶，造型富丽雅致。

第三节
清真寺

>>>

自唐永徽二年（651）伊斯兰教传入中国后，清真寺首先在东南沿海通商港口及长安（西安）等城市出现。元代以后，随着回族的形成和伊斯兰教教民的日益增多，清真寺建筑遍及全国。明代，由于朝廷对伊斯兰教采取怀柔政策，清真寺建筑得到突飞猛进的发展，并与中国传统建筑形式相结合，形成两种不同建筑风格的中国式清真寺。中原地区回族清真寺多采用中国传统的院落式布局和木结构体系，以礼拜殿所在的庭院为中心，沿中轴线布置主要建筑，构成殿宇式的宗教建筑群。新疆地区礼拜寺更多地保留伊斯兰教建筑的形式，结合当地气候、建筑材料、建筑技术和建筑传统，形成具有地方特色的维吾尔族清真寺建筑体系。清代，中国境内信仰伊斯兰教的已有回、维吾尔、哈萨克、东乡、柯尔克孜、撒拉、塔吉克、乌兹别克、塔塔尔、保安等10个民族。清政府为巩固边疆，维护国家安定统一，对少数民族采取怀柔政策，使清真寺在内地和新疆都得到广泛发展，如新疆喀什市至清朝末年已建造126座礼拜寺。内地凡回族聚居之地，无不建有清真寺，如南京仅在道光年间就修建48座清真寺，济南、济宁、开封、成都、兰州等地的清真寺都值得重视。

一、清真大寺

内蒙古呼和浩特市曾建造多座清真寺，最负盛名的是位于回民区通道街的清真大寺。始建于康熙年间。乾隆五十四年（1789），为满足自新疆迁移到呼和浩特的回族民众的宗教信仰需求，进行大规模扩建。

清真大寺的大门西向，是一座面阔三间的汉式建筑，门额塑有阿拉伯文的寺名，并雕刻各种精美的图案。与大门相对的是寺内主体建筑大经堂的后墙，因为依据伊斯兰教的教规，穆斯林在礼拜时要面向西方，朝拜圣地麦加，大经堂必须坐西朝东，入口设在东向。大经堂东立面面阔 5 间，以凸出的砖柱把墙面划分为五个部分，正中是三个发券的大门，两侧是方窗，充分显示清真寺特有的庄严肃穆和雄伟壮观。殿顶采用四卷勾连搭屋顶，上面加盖五座六角和八角亭。这些亭阁的屋面陡峻，比例瘦长，以冲天挺拔之势造成一种层楼叠起的感觉。显然，这样的屋顶组合设计，打破了传统的大屋顶造型，具有灵活多变，形式多样的艺术特色，丰富了中国古代建筑的外观造型。大经堂上部女儿墙呈中央高耸的三角形，装饰各种各样的雕刻纹饰，具有强烈的宗教气氛。面对大经堂的是一间过厅，过厅两侧是南北讲堂。

清真大寺的建筑以汉族传统的木结构体系为主，但由于吸收伊斯兰教建筑的特色，体现出中国式清真寺独特的建筑风格。例如大经堂上五座攒尖顶亭式建筑造型奇特，和望月楼上的亭子相互呼应，构成整个建筑群丰富的外形轮廓；寺内由阿拉伯文、几何线纹和各种植物图案组成的装饰纹样，描金彩绘，精美华丽，形成浓厚的艺术气氛。

二、北清真寺

在北方城市中，河南开封市是一座较完整地保留着历史文化风貌的古城。开封的古建筑，除久负盛名的大相国寺、龙亭、铁塔、禹王台外，清真寺亦为人称道。开封的清真寺，以东清真寺和北清真寺最具代表性。东清真寺始建于明代，清道光二十六年（1846）重建，是河南规模最大的一座清真寺。北清真寺位于开封铁塔寺街，俗称北大寺，始建于清初，是一座典型的内地回族清真寺。

北清真寺坐西朝东，寺内建筑围绕主体建筑礼拜殿进行总体布局。礼拜殿为六开间，脊高三丈，长四丈，宽七丈，硬山顶，覆绿琉璃瓦，造型宏伟，气势非凡。礼拜殿两侧各有六间厢房，为南北讲堂。礼拜殿后是一座小院。礼拜殿左角门有石刻一方，篆书"龙马负图处"五字，下款"嘉祐二年三月龙图阁学士知开封府包拯"正书。乾隆五十年（1785），河南布政使江兰在开封市郊黑岗口堤发掘此石后，曾建祠盖亭，收藏这方石刻。因祠亭圮废，便迁入寺内保存。寺内还存有宋代和清代碑刻，尤以道光二十年（1840）所刻阿拉伯文《可兰经文碑》，最为珍贵。

三、莎车大礼拜寺

新疆地区的礼拜寺，是在原有建筑体系的基础上增加伊斯兰教建筑因素后形成的具有地方特色的维吾尔族宗教建筑。它与中原地区回族清真寺有明显区别：建筑布局既非院落重重，也不强调轴线对称，而是开门见山式，一进寺门即为礼拜殿，其他建筑围绕在礼拜殿周围，显得简洁明朗，环境幽静；寺院普遍设置宽敞的庭院，遍植树木，并在院内置水池形成碧波绿荫，创造和谐的自然气氛；殿堂多以砖石、土坯砌成平顶或圆拱顶，以增加抗风能力。莎车大礼拜寺即为典型的实例。

莎车大礼拜寺位于莎车县城居民区，在清代维吾尔族礼拜寺中颇具代表性。礼拜殿规模宏大，可容纳千余信徒同时诵经。最具特色的是礼拜殿的装饰艺术。礼拜殿外设柱廊，柱式颇为新颖。蓝色的柱身、红、蓝、绿相间的柱裙，细颈的大柱头及大曲线的屋檐，使柱式显得挺拔俊秀，把大殿衬托得更加华美靡丽。殿内的天花藻井图案缜密，色彩艳丽，具有浓厚的维吾尔族装饰风格。

四、苏公塔礼拜寺

在为数众多的新疆礼拜寺中，位于吐鲁番市东南郊的苏公塔礼拜寺别具一格。乾隆四十三年（1778），吐鲁番郡王苏赉满为纪念其父额敏和卓的功绩，建造了这座礼拜寺，因而当地又称额敏塔礼拜寺。额敏和卓是吐鲁番地区维吾尔族的首领，一生坚决反对外来侵略和民族分裂活动。雍正十一年（1733），他被清政府封为扎萨克辅国公；乾隆二十一年（1756）晋封镇国公；乾隆二十四年（1759）晋封郡王，并下诏"世袭罔替"。

礼拜寺平面略呈方形，最显著特色是将礼拜殿、邦克楼（塔）、住宅等都布置在一幢建筑内。寺的入口建有高大的门楼，中间为尖拱形门洞，门洞上端用土坯砌成穹隆顶。进门后，正中是雄伟壮观的礼拜殿。殿面阔5间，进深9间，屋顶设有天窗，可通风采光，门窗为尖拱状。殿内墙壁粉刷洁白，装饰很少，显得素雅宽敞，可容纳千人同时做礼拜。礼拜殿南端矗立的邦克楼，又称苏公塔，是维吾尔族建筑师创造的具有伊斯兰教建筑风格的塔，在中国古塔中独树一帜。塔建在一个开阔的平台上，高达37米，通体用灰黄色砖块砌筑。塔身浑圆，下粗上细，底径14米，上部直径2.8米，由于收分恰当，显得雄壮均衡，曲线优美。塔身表面装饰着菱格纹、水波纹、山纹、变体四瓣花纹等15种砖砌花纹，各种纹饰相互组合，构成丰富多彩、富有韵律的精美图案。塔的内部结构，是用砖砌成螺旋形的72级砖梯，既代替木结构支撑加固了塔身，又可沿砖梯直达塔顶。由于建筑布局得体，比例适当，无论从任何角度欣赏，雄伟的礼拜殿和秀丽的苏公塔都配置和谐，相得益彰。

五、阿巴霍加麻扎

新疆喀什市阿巴霍加麻扎（"麻扎"意为墓），始建于17世纪中叶，后经改建和扩建，成为一组大型的伊斯兰教建筑群。主墓室、礼拜寺、教经堂及阿訇住宅，随地势变化而成自由式布局，各组建筑自成一区。

主墓室是墓区的主体建筑，面阔7间，进深5间，四角各砌一座圆柱形塔状邦克楼。墓室的结构是在内部用四个尖拱支撑一个直径达17米的大穹隆顶，尖拱四周以墓室的厚墙支承，四角的塔楼半嵌在墙中起固定作用。大穹隆顶上设置的小亭和塔楼顶端的召唤楼，相互对映，布局和谐。墓室外墙做成大幅尖拱形白色墙面，墙面上部设木棂花窗。墙面的外框、拱顶和四角塔楼均镶嵌绿琉璃砖，间杂黄、蓝、青色琉璃

新疆阿巴霍加麻扎

| 阿巴霍加麻扎 |

砖。整个建筑造型简练，色彩艳丽，气势宏伟，具有浓厚的伊斯兰教建筑特色。

　　阿巴霍加麻扎共有四座礼拜寺。大礼拜寺在主墓室的西面，以墙环绕，自成一组。前殿雄伟壮观，红褐色的廊柱与米黄色的墙面、洁白素雅的伊斯兰式拱券门组合在一起，为大殿增添森严肃穆的气氛。后殿是一排低矮的穹隆顶，色调幽暗，显得十分沉闷，与前殿迥然相异。位于大礼拜寺和主墓室之间的绿顶礼拜寺，其前殿采用开敞连柱式，面阔4间，进深3间，廊柱林立，颇为壮观。后殿为穹隆顶建筑。穹隆顶直径11.6米，高16米，上覆绿琉璃瓦。高礼拜寺、低礼拜寺和大门、教经堂构成一组建筑群。高礼拜寺建在一座高台上，装饰十分华丽。其前殿开敞宽阔，廊柱的柱身和柱头布满各种精美雕饰，梁枋上绘有鲜艳的彩画，就连转角处的两座塔楼也用琉璃砖镶砌各种图案花纹。低礼拜寺和教经堂隐藏在高墙的后面，造型古朴，装饰简单，与高礼拜寺形成鲜明对比。

第四节

塔

>>>

　　塔，起源于古代印度，是随着佛教的传入在我国出现的一种宗教建筑类型。中国古塔并非对印度塔的简单模仿，而是在原有的高层楼阁建筑的基础上，吸收印度窣堵坡的建筑形式，即在多层楼阁的顶上设置一个印度式的窣堵坡作为标志，从而创造出具有中国建筑风格的新型佛塔——楼阁式塔。此后，随着新的佛教建筑形式，如支提、大精舍、瓶式塔、金刚宝座等传入中国，它们与中国传统的建筑形式相结合，创造出密檐式塔、藏传佛塔、金刚宝座塔等多种形制的塔。

　　清代时中国佛塔已由辽、宋、金、元时期的辉煌鼎盛阶段转入衰落期，呈现相对停滞状态。受佛教发展日趋衰落的影响，佛塔的形制大多拘泥于模仿古制，造型和结构缺少创新。为数众多的楼阁式塔，基本上是对宋代楼阁式塔的模仿，没有新的进展。藏传佛塔在沿用元代形制的基础上，从单一的以圆形覆钵式塔身为主要特征的造型，分化出许多新颖别致的造型，如席力图召白石塔，塔身修长清秀，装饰精美华丽；拉卜楞寺大藏传佛塔，塔身层层内收，塔腹底边直径狭窄，显得更加稳重牢固；普宁寺大乘之阁前的高台塔，塔身以两层十二边形扁鼓相叠加，造型与众不同。金刚宝座塔的风格与明代大体相似，但北京碧云寺金刚宝座塔造型新颖独特，堪称清代佛塔的精品。

　　当清代佛塔处于停滞不前状态时，由佛塔演变而来，用于非宗教目的的塔，如起镇山、镇水、镇妖作用的风水塔，祈求昌盛和功名富贵的文昌塔、文峰塔、文星塔等，如雨后春笋般出现在全国各地。至于装点江山，指示津梁和美化园林的塔，更是以其挺秀优美的姿态，点缀着祖国的锦绣河山，闪烁着中华民族建筑艺术的熠熠光辉。此时，塔与佛教的关系日渐疏远，其宗教意义已明显淡化。

一、北海白塔

　　高耸在北京北海琼华岛之巅的白塔，是北海最突出的建筑物，也是北京城的重要标志之一。金代，以琼华岛为中心兴建的大宁宫和矗立在岛上的广寒殿，使这里成为风景优美、建筑华丽的宫苑。元代，岛改称万寿山，成为皇家禁苑。明代，广寒殿坍毁后，一直未加修复。清顺治八年（1651），顺治帝根据西藏高僧诺门汗的建议，在广寒殿旧址建造白塔，并在塔前修建永安寺。此后，万寿山改称白塔山。康熙十八年（1679）和雍正九年（1731），白塔两次遭地震破坏，随即两次重建。

　　白塔是一座典型的覆钵式藏传佛塔。塔高 35.9 米，下部是十字折角形的白石须弥座，座上为三层逐渐缩小的圆台，台上建覆钵式塔身，最大直径 14 米。塔顶部覆以双层铜制镀金宝盖，四周挂有铜铃。塔身的南面有一壶门式眼光门，内刻藏文咒语。塔身设有 306 个通风口，塔

北海白塔

内有一根高达九丈的通天柱，并藏有经文和衣钵。与元代建造的妙应寺白塔不同，北海白塔只用一层须弥座，覆钵比较狭窄，塔身显得清秀典雅，具有清代藏传佛塔的建筑风格。

最为别致的是，在白塔台座的正前方建有一座高台，四周环绕汉白玉栏杆，台正中是一座仿木结构的双重檐琉璃殿，名善因殿。殿的四周，嵌砌数百尊精致的琉璃小佛像，殿中供奉镇守北海的千手千眼佛。典雅秀丽的善因殿与洁白耀眼的白塔雄踞在万木葱茏的白塔山上，与散落在四面山坡的红墙绿瓦融为一体，在蓝天白云，青山绿水的掩映下，显得极富艺术魅力。而亭亭玉立的白塔倒映在明净的湖水之中，又构成一幅天然成趣的塔山楼阁画面，不愧为宗教建筑与园林景观巧妙结合的典范。

二、勐海佛塔

勐海佛塔，又称景真八角亭，是一座将亭和塔巧妙结合，造型新颖别致的佛塔。位于云南勐海县城西面的景真山。据傣文景真史书《博岗》记载，佛塔始建于傣历1063年（1701），由僧人厅蚌叫主持修建，建造时得到贺勐缅宁（内地汉人）的帮助。因此，其是傣、汉两族人民共同劳动和智慧的结晶。

佛塔为砖木结构，平面呈八角形状，总高15.42米，由塔基、亭身、刹顶等部分组成。塔基高2.5米，宽8.6米，为砖砌折角须弥座。亭身四面开门，可以出入，每道门都有两条雕龙。八角刹顶高8米，自下而上构成10层塔檐。最值得称道的是这10层悬山式塔檐，由12根10米大梁支撑着，向上如鱼鳞状层层覆盖，渐次缩小，最后集中收于一个金属圆盘下。每层塔檐的脊上均饰有小金塔、禽兽和火焰状琉璃。塔顶端置一直径为1.9米的金属圆伞，一杆尖细的塔刹耸立其上。刹杆的金属薄片上刻有网状哨眼，圆伞和塔檐的边沿上悬挂着数十个铜铃，微风吹拂，哨声清脆，铃声悦耳，妙韵无穷。塔基和亭身外壁涂抹一层浅红色泥皮，用金银粉印出各种精美的花卉、动物、人物图案，并镶嵌彩色玻璃，光彩耀目，绚丽多姿。

整座佛塔的造型犹如一朵盛开的千瓣莲花，雅致美观，新颖奇特，充分体现了傣族工匠的智慧和高超的建筑技术，堪称中国古代宗教建筑艺术精品。

三、金刚座舍利宝塔

　　金刚宝座塔的形制起源于印度的菩提伽耶塔。塔的形式是在高大的台基座上建造五座密檐方形石塔和一个圆顶小佛殿。五塔供奉金刚界五佛。五佛的宝座分别为狮子、象、马、孔雀、金翅鸟王，在金刚宝座和五塔的须弥座上遍布这些动物浮雕。印度菩提伽耶塔的形制是中间大塔突兀于四隅小塔之外，传入中国后，将塔的基座升高，五塔比例缩小，使塔更显宏伟壮观。最早的实例是明成化九年（1473）建造的北京真觉寺金刚宝座塔。清代的金刚宝座塔，以金刚座舍利宝塔、西黄寺清净化城塔和碧云寺金刚宝座塔最具代表性。

　　金刚座舍利宝塔，俗称五塔，位于内蒙古呼和浩特市旧城东南部。塔原为雍正五年至十年（1727—1732）修建的慈灯寺内的最后一座建筑。由于年久失修，寺内殿宇早已塌毁，唯塔独存。

　　塔高16.5米，由塔基、金刚座和顶部五塔组成。金刚座平面呈"凸"字形，砌筑于1米高的须弥座上。须弥座的束腰部分是砖雕狮、象、法轮、

金刚座舍利宝塔

金翅鸟、金刚杵等图案花纹，工艺精湛，形象生动；座身下部镶嵌着用蒙、藏、梵三种文字刻写的金刚经，雕刻精致，字体工整。通高 14 米的金刚座犹如一座粗壮的佛塔，上部有七层短挑檐将宝座分为上下八层。下面一层间距较大，壁面素净，唯有塔门两侧雕刻几尊佛像。以上各层的挑檐之间布满佛龛，共塑有 1 119 尊各种姿态的鎏金佛像。每尊佛像都端坐龛中，两侧为宝瓶柱，龛上刻有梵文六字真言。金刚座南面拱门上镶嵌一块汉白玉石匾，上面刻有用蒙、汉、藏三种文字书写的"金刚座舍利宝塔"，拱门两侧是四大天王像。拱门内的无梁殿，正中设一座佛坛，两侧为登塔的梯道。金刚座上设置五座金刚塔。五塔虽然不如真觉寺金刚宝座塔那样高大宏伟，但因塔体收分较小，显得挺拔俊秀。五塔均为方形密檐式塔，中央的大塔出檐七层，其余四塔形式相同，只有五层出檐。五塔的塔身遍刻佛龛及菩萨、景云、菩提树等图案，显得十分精细娴熟。

塔座北边的照壁上嵌有三幅圆形石刻图，中间是须弥山分布图，东面是天文图，西面是六道轮回图。天文图以八块汉白玉拼砌而成，上面用蒙文标写各种天文学名称，是我国仅有的一幅以少数民族文字标注的天文图刻石，具有很高的科学研究价值。六道轮回图雕刻天人花鸟，形象栩栩如生。

四、碧云寺金刚宝座塔

碧云寺金刚宝座塔耸立在北京香山东麓碧云寺内，是我国现存金刚宝座塔中最高大的一座。寺院创建于元至元二十六年（1289），原名碧云庵。明正德十一年（1516），太监于经在寺后建墓圹（kuàng，墓穴）并重修寺院，改称碧云寺。清乾隆十三年（1748）进行大规模扩建，并在寺后墓圹旧址建金刚宝座塔，南院建罗汉堂。寺内建筑依山而建，六进院落纵贯东西轴线，殿堂楼阁层叠有致，掩映于松柏槐柳之中，布局严整壮观。

金刚宝座塔位于寺院中轴线西端的最高处。据碑文记载："乾隆十有三年，西僧奉以入贡，爰命所司，就碧云寺如式建造。尺寸延伸，高广具足，势同地涌，望拟天游。"为渲染塔的庄重气氛，在塔前建两座

🔺 碧云寺是北京西山风景区中最雄伟壮丽的古老寺院之一。创建于元，后经明、清扩建，始具今日规模。香山碧云寺金刚宝座塔在我国同类塔中年代较早，样式最秀美，堪称明代建筑和石雕艺术的代表之作，也是中外文化结合的典范。

牌坊。前面一座是四柱三楼白石牌坊，面阔 34 米，遍体满布浮雕。后面一座是寺庙山门形牌坊，两侧各有一座平面八角形、重檐攒尖顶的碑亭。塔通高 34.7 米，全用洁白的汉白玉石砌筑。塔座呈方形，利用地势建在两层高大的石砌台基上，台基两侧设石阶。塔座南面正中辟有拱券门，门两侧有石梯可达塔座顶。塔座上共有八座塔。石梯出口处是座屋形方塔，类似其他金刚宝座塔登台入口处所建的亭阁，上面按金刚塔的布置方法设五座小型藏传佛塔。方塔两侧，各有一座用汉白玉砌筑的圆形藏传佛塔。其后是五座 13 层密檐方塔，正中一大塔，四隅各一小塔。八座通体洁白、雕镂精致的佛塔参差高耸，轮廓极为丰富。整座

清代建筑雕塑史

塔从塔基、塔座到金刚塔，周身遍刻佛龛、佛像、菩萨、天王、力士、龙、凤、狮、象及各种云纹梵花等图案，工艺精湛，雕刻华丽，充分体现乾隆时期的建筑和雕刻艺术水平。

碧云寺金刚宝座塔是模仿真觉寺金刚宝座塔建造的，但其造型有所创新。真觉寺金刚宝座塔的塔座上，建五座平面呈正方形的密檐式塔；而碧云寺金刚宝座塔的塔座上，除五座方形密檐塔外，还增建一座屋形方塔和两座藏传佛塔。这种在同一塔座空间内，群塔并立、对比强烈的造型和布局，不仅与金刚宝座塔的始祖——印度菩提伽耶塔迥然相异，而且在中国佛塔中也是罕见的实例。

五、西黄寺清净化城塔

坐落在北京朝阳区安定门外的西黄寺，是一座著名的藏传佛寺。顺治九年（1652），顺治帝为迎接西藏达赖五世进京朝觐，在此建造佛寺，作为达赖的驻锡之所。乾隆四十五年（1780），班禅额尔德尼六世来京为乾隆帝祝寿，住在西黄寺，不久因病在此圆寂。乾隆四十七年（1782）为纪念班禅六世，在西黄寺西侧修建班禅六世衣冠石塔，并根据佛教《清华经·化城喻品》的故事，取名清净化城塔，俗称班禅塔。

清净化城塔是按照金刚宝座塔的造型风格建造的。塔通高20.02米，建在高3.4米的石台基上。台基平面呈"亞（亚）"字形，四角各有一座塔式经幢，幢身下层绘刻经文，四周有白石护栏。塔的南北两侧，各建一座四柱三间汉白玉石牌坊，上刻龙、凤、八宝及各种装饰花纹。南面台阶两侧蹲立着两个石雕辟邪，张口吐舌，长尾带翼，形象十分生动。塔的东西两侧，各有一座碑亭。塔东碑亭内矗立乾隆御撰《清净化城塔记》汉满蒙藏四体石碑；塔西碑亭内矗立乾隆御笔"班禅圣僧像并赞"石碑。塔台中央的主塔是典型的清代藏传佛塔，形体比较瘦长，通高15米。主塔的塔基呈八角形，其上为八角形须弥座，承托着覆钵式的塔身。须弥座上满布卷草、莲瓣、云纹、蝙蝠、狮子等各种花纹浮雕，雕刻细腻精致。须弥座的八面各雕一幅佛教故事画，画幅虽小，但画面上的人物、山石、树木、房屋等，刻画得惟妙惟肖。各组故事中的人物，虽然以崖石、流云加以分开，但并非截然割断，而是通过人物的面部表情和动作姿态，有连有断，相互照应，使整个浮雕画面融为一个有机的艺术整体。须弥座的转角处各雕一尊金刚力士像。这八尊力士像，个个体魄雄壮，力顶千钧，表现了古代勇猛的武士形象。塔身正面是一座佛龛，龛内浮雕三世佛，龛旁分雕八尊菩萨立像。这些造像具有明显的藏传佛教造像特征。塔身上端有一折角小台座，承托相轮、莲花伞盖和两颗宝珠组成的宝刹。主塔四隅亭亭玉立的小塔，均为八角五层经幢式塔，高8米，塔身下部刻有佛教经文，上半部雕刻出塔檐、菩萨像和仰莲瓣装饰。

清净化城塔虽然保持印度菩提伽耶塔的基本格局，但造型和雕饰都已被中国传统建筑艺术和藏传佛教艺术取代。主塔的结构和形制采用藏传佛塔的样式，而主塔四隅的经幢式小塔，塔台前后的仿木结构石牌坊，台阶两侧的石雕辟邪，以及塔身的佛教雕刻和装饰纹样，则是汉族建筑和雕刻艺术的传统手法。中外和汉藏不同艺术风格的融合，使这座佛塔以鲜明的个性，成为清代金刚宝座塔中的佼佼者。

六、如意宝塔

坐落在青海西宁市湟中区鲁沙尔镇的塔尔寺，是藏传佛教格鲁派六大寺院之一。在寺院众多的殿堂楼阁建筑中，耸立在前院的如意宝塔，以其别具一格的造型为人瞩目。

如意宝塔建于乾隆四十一年（1776），是由八座藏传佛塔组成的排塔。八塔呈一字形排列，大小一致，上圆下方，洁白耀眼，气势雄伟。八塔的形式基本相同，塔下是一方形的砖砌高台，台上建须弥座塔基，塔基上设置覆钵式塔身和相轮，最后以宝盖、仰月和宝珠结顶。八塔分别为莲聚塔、四谛塔、和平塔、菩提塔、神变塔、降凡塔、降妖塔、涅槃塔。

七、千山墓塔

道教历来不讲入灭埋葬，但由于清代统治者倡导儒、释、道三教合流，道教也采用佛教建塔埋葬的方法，将佛塔移植为道教墓塔。当然，在遍及神州大地的古塔中，道教塔寥若晨星。千山墓塔为其中的典型实例。

千山墓塔位于辽宁鞍山市东南千山无量观内，包括八仙塔、祖师塔、玲珑塔、葛公塔，均为道教墓塔。其中，八仙塔建于康熙年间，是无量观的开山祖师刘太琳的师弟为其修建的墓塔。塔为六角十一层密檐式砖塔，通高13米。塔基是一个高大的须弥座，简洁无雕刻，远不如辽金时密檐塔基座那样华丽精美。塔身第一层间距较大，正面辟一龛室，塔壁四周有砖刻八仙雕像，形象生动逼真。第一层塔身之上重叠密檐十一层，除第一层檐下有简单的斗拱外，以上各层无任何雕饰。据说塔建成后，刘太琳见塔壁四周刻有八仙浮雕，觉得自己不能僭越八仙之上，不敢受用。于是，又在八仙塔的上方另建一座小塔，称为祖师塔。塔高3米，全部用花岗岩石砌筑，建筑形式为六角五层密檐式。塔基比较高大，塔身上紧覆密檐5层，各层塔檐之间的间隙甚小。

| 千山墓塔 |

这两座清代密檐式塔，虽然极力模仿辽金密檐塔的整体造型，但仅仅是形式上的相似，缺乏内在的神韵和雄伟的气势。

八、都江堰奎光塔

在清代为数众多的风水塔、文峰塔中，坐落在四川灌县（都江堰）城边的奎光塔，以其新颖独特的造型而引人注目。

都江堰奎光塔建于道光十一年（1831），是一座为振兴文风和点缀风景而建造的文峰塔。塔高50余米，建筑形式为六角17层楼阁密檐式。如此多层次的塔，在中国古塔中绝无仅有。塔基呈方形，比较低矮。第一层塔身十分高大，各面均辟一券门。第二层以上各层塔身间距较小，塔檐紧密相叠。

作为一种非宗教性的集观赏和标志于一体的建筑，文峰塔大多由地方官员主持修建，常常建在孔庙或县城附近的山顶、路口等处。其形状酷似一支巨大的毛笔，轮廓线条犹如饱蘸墨汁的笔锋，塔上大多雕塑文昌帝或魁星像，以祈求当地学子文运昌盛，步步青云。显然，都江堰奎光塔的造型别具一格。它采取楼阁式塔和密檐式塔相结合的造型，将高大挺拔与纤细秀丽的建筑风格和谐地融为一体，显得既稳重牢固，又修长清秀，在文峰塔中为罕见的实例。

九、香山琉璃塔

琉璃塔是宋代佛塔建筑的创造。这种在砖砌楼阁式塔身外壁镶嵌各色琉璃的塔，是当时建筑艺术追求华丽审美风尚的反映。明代琉璃建筑材料的大量生产，使琉璃塔的数量骤增，最负盛名的是南京大报恩寺琉璃塔和山西洪洞县广胜寺飞虹塔。清代琉璃塔中，香山琉璃塔、颐和园琉璃塔、承德须弥福寿之庙琉璃塔，都是精美绚丽的上乘之作。

香山琉璃塔坐落在北京香山公园昭庙西面山腰处。塔建于乾隆四十五年（1780），为乾隆年间风行一时的佛塔建筑形式。塔为八角七层密檐式琉璃塔，通高30米。塔下是一座石砌平台，上建八角形塔基，四周有白石护栏。石砌塔座上，遍布佛像浮雕。塔身的每一层，都用黄、绿、紫、蓝各色琉璃构件砌成仿木柱子、斗拱、额枋及檐椽、瓦垄，异彩纷呈，精美华丽。琉璃砖上雕有佛像、菩萨像、天王力士像及各种动物、植物图案，色彩艳丽，造型生动。塔顶的宝刹，是一巨大的琉璃宝珠，犹如皇冠上的珍珠，光彩耀目。每层塔檐下都缀有铜铃，微风吹来叮咚作响，颇有几分禅意。

琉璃塔原为昭庙内的一座建筑。昭庙曾被英法联军和八国联军两次焚毁，唯有此塔完整地保存下来，屹立在静谧苍翠的山谷之中，为香山的秀丽景色增添异彩。

香山琉璃塔

十、永佑寺舍利塔

承德避暑山庄万树园东北的永佑寺舍利塔，是寺内最高的建筑物。寺建于乾隆十六年（1751），是山庄内一座规模宏大的寺院，有前殿、宝轮殿、东西配殿、御容楼等建筑。舍利塔耸立在御容楼前，建于乾隆十九年（1754）。塔为八角九层楼阁式砖塔，通高69米。塔廊有24根立柱，塔壁8面均有浮雕佛像，塔檐均用黄绿两色琉璃瓦砌造，塔顶冠以高大的鎏金宝顶塔刹。塔的一层南北各辟石拱券门，券门内有石级可达塔顶。塔廊及塔内各层均有匾额。塔廊题为妙莲涌座，一至九层分别是初禅精进、二谛起宗、三乘臻上、四花宝积、五智会英、六通普觉、七果圆成、八部护持、九天香界。乾隆驻跸山庄时，常在清晨登塔礼佛，祈求长寿。

舍利塔的造型挺拔俊秀，色彩艳丽，而且位置安排得十分恰当，正处在山庄湖泊与平原两大景区南北端的收束处。因此，掩映在万绿丛中的舍利塔，成为山庄的一个显著标志。

第五节

宗教雕塑

>>>

清代宗教雕塑已失去唐宋时期的灿烂辉煌，日益走向衰落。在朝廷官府直接控制下所产生的宗教雕塑作品，虽然规模浩大，材料昂贵，但大多缺乏生动的内在气韵，只是以外在的绘画性、工艺性、装饰性及技术上的精雕细刻，来取代艺术的创造性。因此，清代宗教雕塑在刻意模仿前代，追求精美华丽的艺术风格时，随之而来的则是纤弱和繁琐。乾隆七年（1742），由内阁总管仪宾的工布查布翻译的《造像度量经》，是佛教造像的经典，并以皇帝名义颁布执行。此后，佛教造像的姿态、服饰、比例、尺寸、座子及背光等，均有严格的规范，官私工匠必须按规定创作。当内地佛教造像处于停滞不前状态时，西藏、青海、甘肃、内蒙古等地的藏传佛教雕塑却空前繁荣，在佛教寺庙和造像中占据重要地位。清代佛塔雕刻技艺精湛，造型秀丽，比明代更加纤巧细腻。清代道教雕塑没有像元、明那样得到朝廷的大力扶持，规模较小，艺术成就远逊于前代。

一、佛教造像

清代佛教造像集中在佛寺，由于距现代相隔的时间不长，大都保存得比较完整。佛教造像的题材，主要有佛像、菩萨像、罗汉像等，大多为泥塑、木雕、铜造像，最为盛行的是罗汉题材的雕塑。塑有500罗汉的罗汉堂在清代佛寺中非常普遍，比较著名的有北京碧云寺、四川新都宝光寺、云南昆明筇竹寺、湖北武汉归元寺、江苏苏州戒幢律寺、河北承德罗汉堂等。碧云寺罗汉堂建于乾隆十三年（1748），整个建筑仿照杭州净慈寺罗汉堂，堂内有木质漆金罗汉500尊，每尊高约1.5米，神态各异，栩栩如生，加上神像七尊和梁上的济公佛像，总计508尊雕像。宝光寺始建于东汉，明代焚毁后，清康熙九年（1670）重建。罗汉堂建于咸丰元年（1851），堂内500尊泥塑贴金罗汉塑像，每尊高约2米，衣纹清晰，色泽鲜丽，神采奕奕，俨若真人。归元寺始建于清顺治初

雍和宫白檀木弥勒大佛

年，同治三年（1864）和光绪二十一年（1895）重建。罗汉堂内供奉释迦牟尼、观音菩萨、文殊菩萨的塑像，500罗汉为脱胎漆塑，造像生动，技艺精湛，坐卧起伏，哀乐喜怒，体貌不同，神情各异，确为佛教造像之珍品。戒幢律寺始建于元至正年间（1341—1368），清咸丰十年（1860）焚毁后，同治八年至光绪二十九年（1869—1903）陆续重建。罗汉堂以四大名山雕塑为中心，四壁列坐500尊泥塑贴金罗汉像，神态

举止各异，富有浪漫色彩。堂内北有疯僧立像，南有济公塑像，嬉笑传神，妙趣横生。承德罗汉堂是乾隆三十九年（1774）仿照浙江海宁安国寺罗汉堂建造的，堂内陈列500尊泥胎金漆罗汉像，其形象、尺寸与碧云寺罗汉堂大体相同。当然，这些罗汉群像的雕塑，未能完全摆脱清代佛教雕塑日渐衰微趋势的影响，仍存在公式化、定型化的倾向。

　　清代最富创造性，艺术价值最高的500罗汉，首推昆明筇竹寺。筇竹寺位于昆明西北郊玉案山上，相传始建于唐贞观（627—649）初年，现存建筑为清代重建。寺内闻名遐迩的500罗汉彩塑，是光绪九年至十六年（1883—1890）由四川民间雕塑家黎广修及其五位徒弟塑成的。筇竹寺500罗汉的布局，与一般佛寺迥然相异，没有集中安置在罗汉堂，而是分塑在大雄宝殿及梵音阁、天台来阁三处。其中，大雄宝殿有68尊，分列在南北两壁，相互呼应，组成和谐的艺术整体。梵音阁内有罗汉216尊，尤以南壁波阁提婆尊者最具特色。他躯体右屈，右手指着左臂架着的一只三脚缘蟾，开口大笑，仿佛在呼唤人们前来观赏这一奇物。天台来阁亦有罗汉216尊，分为上、中、下三层，中层的主像，相传为黎广修亲自塑造。这些罗汉的布局疏密聚散相宜，动作姿态变化有序，人物形象无一雷同。更值得称道的是，罗汉的造像摆脱传统手法的束缚，直接取材于现实生活，展现的是三教九流的普通人形象，不但宗教气氛荡然无存，也去掉宋代罗汉那种不食人间烟火的清高气质。诸多似佛非佛，似僧非僧，多为生活中五行八作凡夫俗子的罗汉塑像，使严肃的佛教题材走向世俗化创作，散发出清新的生活气息。此外，罗汉的塑作和彩绘细致入微，形象逼真，不仅身体比例、肌肉骨骼、服装衣饰与常人大体相同，神情面貌、动作姿态也与常人无异，甚至以真人毛发作胡须，以琉璃珠作眼睛，具有很强的写实性。

　　清朝皇帝对藏传佛教的大力提倡，使藏传佛教寺庙遍及西藏、蒙古、甘肃、青海等地。仅蒙古地区，明末清初便修建了上千座藏传佛教寺。在布达拉宫、席力图召、拉卜楞寺、雍和宫、普宁寺、五当召等清代著名的藏传佛教寺中，供奉大量金银铜造像、木雕佛像和泥塑佛像，其中有许多代表清代雕塑艺术水平的上乘之作。布达拉宫佛教造像多达 20 万尊，大者高 10 余米，小者仅有拇指般大小，包括各式各样的铜、铁、金、银铸像、木、石、玉、骨雕像及夹纻漆塑、泥塑佛像，工艺精湛，装饰华丽，不愧为佛教雕塑的艺术宝库。雍和宫的"木雕三绝"，堪称清代佛教雕塑的代表作。万佛阁内身高 18 米的白檀木雕弥勒佛立像，不仅在中国绝无仅有，亦为世界罕见。照佛楼的金丝楠木佛龛，高 10 多米，分为内外三进，全部为龙抱柱造型，99 条金龙在水浪浮云中奔腾起舞，堪称木雕艺术的绝世珍品。法轮殿的 500 罗汉山，高 5 米多，长 3 米多，全部用紫檀木雕刻而成。500 罗汉分别用金、银、铜、铁、锡五种金属制成，每尊高 10 余厘米，点缀在山中各种景色之中。此外，永佑殿内白檀木雕刻的无量寿佛、药师佛、狮吼佛，天王殿内泥金彩塑的四大天王像，法轮殿供奉的宗喀巴铜像，都有较高的艺术价值。外八庙中保留许多清代藏传佛教造像，最为壮观的是普宁寺大乘之阁的木雕千手千眼观音像。观音头戴高冠，顶有一尊无量寿像，全身有 42 只手，除本身两只手作合掌状外，其余 40 只手各有一只眼睛，持一件法器，这与汉传佛教千手观音的造型有所不同。观音身材匀称，高大威严，为清代不可多得的藏传佛教造像。普仁寺的宝相长新殿供奉九尊夹纻金漆无量寿佛，表九九万寿。佛像端庄慈祥，表情丰富，在造型和处理上颇具特色。从总体上看，清代藏传佛教造像工艺精湛，装饰华丽，雕镂精细，但大多缺乏内在神韵和气势。

二、道教造像

唐代时长期模仿佛教雕塑的道教雕塑获得迅猛发展，道教造像的艺术水平得到显著提高。四川都江堰市青城山天师洞供奉的青龙、白虎、三清、三皇等塑像，造型生动，形态古朴，是唐代道教造像的珍贵遗迹。山西晋城玉皇庙中元代雕塑的十二元君像和二十八宿星君像，是道教造像中不可多得的佳作；创作于明清之际的四圣像和十三星君像，技艺高超，不同凡响，有较高的艺术价值。然而，清朝皇帝的重佛抑道，使道教发展严重受挫，道教造像成就比明代逊色得多。清廷在北京紫禁城最东边设置玄穹宝殿，供奉玄武大帝、玉皇大帝，其规模也远逊于明代宫廷的钦安殿道观。

清代道教不像元、明那样得到朝廷的大力扶持，道教更多是作为一种传统宗教在民间流行。民间信奉的道教神祇，从玉皇大帝到土地公，这些宗教造像不过是人间各级统治者形象的改头换面。他们被加以宗教的神圣化，经过一番夸张和美化，成为人们顶礼膜拜的崇高偶像。在遍布各地的道教宫观、庙宇中，最常见的道教造像是太上老君、玉皇大帝、灵官大帝及财神、妈祖、关帝、土地公等道教俗神。清代重建的北京白云观是一座历史悠久的道教宫观，保存一批道教造像，如邱祖殿中的邱处机泥塑像及八大弟子塑像，玉皇殿的玉皇大帝像，七真殿的七真人像，三清阁的三清像等，都有较高的艺术价值。千山无量观是清初建造的道教建筑，三官殿内神态各异、栩栩如生的八仙过海群像和神情庄严的瑶池金母像，造型生动，独具特色。云南昆明太和宫金殿始建于明万历三十年（1602），现存金殿是清康熙十年（1671）平西王吴三桂仿原式样重新铸造的。在这座著名的道教建筑中，除供奉真武大帝的鎏金铜像外，还有八仙、老子、哪吒、雷神、孙悟空、风伯、刘海蟾等众多木雕造像，造型小巧玲珑，雕刻精美细致，堪称清代道教造像中不可多得的精品。始建于道光十六年（1836）的兰州白云观，是祭祀吕洞宾的庙宇，又称吕祖庙。观内大殿正中供奉吕祖神像，两侧是王重阳和北七真等八尊仙人，端庄肃穆，神态各异。在清代为数众多的妈祖庙中，以台湾北港朝天宫供奉的妈祖神像最为著称。相传这尊神像是康熙三十三年（1694）由福建湄州朝天阁僧人树壁奉来。神像路经北港，因当地闽籍人对妈祖十分崇拜，便修庙供奉，春秋祭祀。由于这尊神像来自妈祖本土湄州，于是朝天宫便成为台湾香火最盛的妈祖庙，素有"台湾妈祖总庙"之称。

　　在佛教石窟雕塑至清代已基本绝迹的情况下，位于湖南张家界市嵘峰山南麓的玉皇洞道教石窟雕塑，却以其独特的艺术风格，在中国雕塑史上写下淡淡的一笔。玉皇洞石窟群开凿于嘉庆五年（1800），主要有因果、土地、魁星、文昌、龙虎、玉皇等八处。洞内雕塑，多为道教神祇及古代圣贤、妖魔等。设置这些造像的目的，旨在传播道教神祇的赫赫神威，为人祈福消灾。这些造像大多利用溶洞的岩石雕刻，造型古朴，线条流畅，神态逼真。因果洞两侧的峭壁上，雕有两个巨型塑像，一为人身牛头像，一为人身马面像，面目狰狞，酷似阎王殿前凶神恶煞的一对打手。洞中央是头戴乌纱帽，身着长蟒袍，手执生死簿的阎王塑像，一副横眉怒目、威风凛凛的样子。魁星洞有高达 4 米的魁星神像，他脚踩鳌鱼，手握毫笔，似欲腾空而去。玉皇洞正中供奉头戴金冠，身穿龙袍，正襟危坐的玉皇大帝，两侧侍立眉清目秀、服饰华丽的金童、玉女。洞壁四周刻满树木、山石、泉水、花卉、云海等各种雕饰，显得丰富多彩，富丽堂皇。

第五章

园林建筑

　　清代的园林建筑获得空前的繁荣与发展，特别是皇家园林和私家园林，其数量之多，规模之大，内容之丰富，建筑之精美，为历史上任何朝代所不及。清王朝入关定都北京后，坐朝主政、祭天拜祖均沿用明代的宫殿、坛庙，对它们只作个别的改建和易名，而把主要的精力和财力用在建造离宫别苑，使皇家园林繁盛一时。清康熙、雍正、乾隆年间，造园运动达到高潮。康熙二十一年（1682）建南苑行宫，二十九年（1690）建畅春园，四十二年（1703）建避暑山庄，四十八年（1709）建圆明园。至乾隆年间，清代皇家园林的兴建达到鼎盛，形成以北京西郊的"三山五园"（香山静宜园、玉泉山静明园、万寿山清漪园、圆明园、畅春园）、承德避暑山庄和皇城内的西苑为代表的完整的皇家园林体系。光绪年间，慈禧太后在清漪园旧址重建的颐和园，也是成功之作。清代皇家园林继承和发扬唐、宋造园的传统，成为中国古代皇家造园艺术的杰出代表。清代私家造园活动遍及全国各地，经过长期发展，形成以江南地区、北京地区、岭南地区三大地方风格鼎峙的繁盛局面。三大地方风格集中反映清代民间造园艺术的辉煌成就，也是清代私家园林的精华所在。与前代不同，随着与海外交往的日益增多，清代园林建筑开始吸收西洋建筑技法，使园林风貌更加丰富多彩。

第一节
皇家园林

>>>

清代皇家园林以规模宏大的皇家气派、精美华丽的建筑风格、高度成熟的造园技巧，在中国园林史上写下极其辉煌的一页。

清初，为了巩固和稳定朝廷的统治，没有大规模兴建皇家园林，仅对明代的大内御苑——西苑、兔园、宫后苑等稍加修葺。康熙朝中期，三藩叛乱平定，天下一统。随着政治稳定、经济振兴、国力充实的盛世来临，朝廷开始大兴园林建筑，掀起一个全国性的造园运动，至乾隆时期达到高潮。康、乾时期，除继续充实并扩建明代原有的大内御苑外，皇家园林建设的重点逐渐转向行宫御苑和离宫御苑。这是因为，清朝统治者入关后仍保持祖先的骑射传统，向往在具有郊野自然风景的地区修建宫室。他们对紫禁城高墙环绕的封闭建筑空间难以适应，加上北京城夏日难熬的酷暑，于是，便在风景秀丽的北京西郊营建著名的三山五园。为满足皇帝出行时休息的需要，还在远近郊区设立静寄山庄等多处行宫，并在承德修建京城以外最大的一处行宫——避暑山庄。至嘉庆、道光朝，随着中国封建社会最后盛世的结束，皇家园林呈现衰落趋势。畅春园日渐衰败，已失去往日的繁盛；清漪园、静明园、静宜园的陈设也陆续撤除；唯有作为皇帝离宫的圆明园仍在扩建。然而，好景不长。

承德避暑山庄

西方列强的大炮轰开古老帝国的国门后，给皇家园林带来灭顶之灾。咸丰十年（1860），英法联军先后两次焚烧圆明园。一代名园，在数日间毁于一炬。清漪园、静明园、静宜园也难逃被侵略军焚掠的厄运。光绪年间，清政府在财力枯竭的状态下，靠挪用海军经费重建的颐和园，反映了清代皇家园林由盛而衰的历史过程。

清代皇家园林继承中国古典园林的传统，大多沿用"一池三山"的创作模式，在园林中体现神仙思想，同时也吸收许多江南园林的布局、结构和风韵，甚至将一些江南名园移植到皇家园林之中。例如圆明园有仿海宁隅园的安澜园，仿西湖汪氏园的小有天，仿南京瞻园的茹园；颐和园有仿无锡寄畅园的谐趣园；避暑山庄有仿镇江金山寺的小金山，仿嘉兴南湖的烟雨楼等。规模宏大的皇家园林，在总体规划上可分为两种方式：一是在原有自然山水景色基础上加以局部雕琢，以山水为主、建筑为辅的自然山水园，如香山静宜园、玉泉山静明园、万寿山清漪园、承德避暑山庄；二是利用原有地形因素，主要靠人为创造的人工山水园，如圆明园、畅春园、西苑。

一、西苑

西苑是一座有 800 多年历史的皇家园林。明代，将太液池的水面向南扩展后，形成三海的整体布局，并在琼华岛和太液池沿岸增建许多新建筑，使殿阁楼台鳞次栉比，秀丽景色琳琅满目，成为最负盛名的皇家园林。太液池上的两座桥将其划分为三大水域：金鳌玉蝀桥以北称北海，蜈蚣桥以南称南海，两桥之间称中海。因三海都在皇宫西侧，故合称西苑。清代对西苑继续扩建，不断开辟新景区，特别是经过乾隆年间的大规模改建，使西苑的建筑密度大增，从而奠定西苑此后的规模和格局。

（一）北海

北海，是三海中最大者，总面积 68 万平方米，其中水面占 39 万平方米。西苑的建筑布局，是根据中国古代神话传说中的蓬莱仙境营建的。《史记·秦始皇本纪》称："海中有三神山，名曰蓬莱、方丈、瀛

| 北　海 |

洲，仙人居之。"中国古代皇家园林，大都仿照秦汉宫苑"一池三山"的布局来体现神仙境界。西苑遵循这一传统格局，挖湖堆山，以太液池为瑶池，以北海琼华岛、团城和南海瀛台，象征神话中的蓬莱、方丈和瀛洲三座仙山，把仙山琼阁搬到人间。北海的主要建筑，可分为琼华岛、团城、太液池北岸和东岸四部分。

琼华岛四面临水，南有永安桥、东有陟山桥与东南两岸相连。全岛面积 6.5 万平方米。岛上堆山高 32.8 米，周长 973 米。顺治八年（1651），在山顶原广寒殿旧址修建藏传佛塔。塔高 35.9 米，通身白色，为全园的最高建筑物，也更加突出琼华岛的主体作用。经过顺治、乾隆年间的大规模扩建，在琼华岛的四面形成以白塔为中心的环岛建筑景观。山南坡以永安寺为主，自永安石桥，依山而上分别为堆云积翠牌坊、正觉殿、普安殿、琉璃善因殿，直至白塔，构成北海建筑的主轴线。这组布局严谨的藏传佛教寺建筑，全都采用歇山顶，覆以黄、绿、紫各色琉璃瓦，色彩绚丽，蔚为壮观。

永安寺西的悦心殿，是皇帝偶临塔山时处理政务的地方。殿面阔 5 间，歇山灰瓦顶。悦心殿北的庆霄楼，是一座雄踞在山腰的二层建筑，上层四周挑廊。山西坡地势陡峭，主要建筑琳光殿、阅古楼等依山就势，错落有致，富有山地园林气氛。阅古楼两侧接围廊 25 楹，环抱成马蹄形，自成一体。楼为两层建筑，上下墙壁镶嵌《三希堂法帖》石刻 495 方，是一座融建筑和收藏于一体的特殊形式的楼阁。山北坡的地势下缓上陡，其间既有曲廊画阁庭院，又有崖洞石室。山下平地上，有临水而建的漪澜堂、道宁斋、碧照楼、远帆阁。这组建筑，是仿镇江金山江天寺建造的。主体建筑为并排的漪澜堂和道宁斋，前有一座半圆形的二层建筑——延楼，东起倚晴楼，西至分凉阁，长达 60 间，外绕 300 多米长的白石栏杆。延楼上层，东为碧照楼，西为远帆阁，各间都装有隔扇窗。延楼形式独特，景致极佳，登楼可南瞻白塔，北瞰碧波。沿坡而上，石岩陡峭，石洞、亭阁各抱地势，随宜布置，有酣古堂、写妙石室、盘岚精舍、环碧楼、嵌岩室等形式各异的建筑。然而，这一带过量的建筑景观，使琼华岛显得拥挤不堪，实为一大缺憾。山东坡古木参天，景色幽静，建筑疏朗，颇富山林野趣。主要建筑是建在半圆形砖城上的智珠殿。

殿坐西朝东，是供奉文殊菩萨的场所。殿北有见春亭，亭北有乾隆十六年（1751）设立的"琼岛春阴"碑，为著名的"燕京八景"之一。

团城是北海南岸与琼华岛一桥之隔的一座圆形城台，高4.6米，周长276米，两掖有门，东曰昭景，西曰衍祥，入门后沿城砖磴道可达城台。城为金代挖湖之土堆筑而成。台上古木参天，清静幽雅，各种建筑按中轴线对称布置。主体建筑承光殿位于正中，殿前设玉瓮亭，殿北为敬跻堂，殿东西两侧有古籁堂和余清斋。元代在城上建仪天殿，明代重修后改称乾光殿。清康熙八年（1669）乾光殿倒塌，二十九年（1690）重修时，将圆殿改建为平面呈十字形的重檐歇山式建筑。乾隆年间又进行大规模修建。大殿坐北朝南，正方形，四面正中推出一间单檐卷棚式抱厦，形成富有变化的十字形平面。殿的屋顶造型与紫禁城角楼相似，重檐歇山顶，上覆黄琉璃瓦绿剪边，瓦顶飞檐翘首，极富变化。大殿中央立有4根井口柱，以穿插抹角梁与四周柱子连为一体。殿内供奉一尊高1.6米的观音菩萨像，全身用一整块的白玉石雕琢而成，头顶及衣褶镶嵌宝石。玉瓮亭面阔、进深均为一间，汉白玉石柱，拱形门，庑殿顶，覆蓝琉璃瓦。亭内陈设的玉瓮，又称渎山大玉海，重约3 500公斤，用一整块黑色玉石雕成，周身遍饰云涛、鱼龙、海马等浮雕，造型美观，形象生动。玉瓮于元至元二年（1265）制成后，放置广寒殿中，为元世祖忽必烈饮宴储酒之用。后几经辗转，流落于西华门外真武庙。乾隆十年（1745）被发现后，重置于承光殿。

北海太液池东岸，有濠濮涧、画舫斋、蚕坛等建筑群。濠濮涧建于乾隆二十二年（1757），是一座三面临水的水榭。水榭面阔3间，卷棚歇山顶，周绕回廊。水上有座九曲石平桥，桥北端有一仿木构石坊，桥南端与水榭相连。濠濮涧南面曲廊依地势叠次而上，连接云岫厂和崇椒室。濠濮涧北面的画舫斋，是一座隐藏在土山石林中的幽深小院。院内建筑幽雅别致，结构精巧，南有春雨林塘殿，北有正殿画舫斋，东为镜香室，西为观妙室，中央是用条石垒砌的方形水池。斋后的庭院土山曲径，竹石玲珑。东侧水石间的古柯庭，庭内叠石堆山，曲廊相接，粉墙漏窗，具有浓郁的江南园林气息。庭前有一株粗壮繁茂的古槐，已有千年历史，传为唐代所植。蚕坛位于画舫斋北面，是皇后嫔妃养蚕、祭祀

北海太液池

蚕神的场所。这是一座碧瓦红墙大院，建有蚕坛、亲蚕殿、浴蚕池、神厨、神库等建筑。

北海太液池北岸建筑稠密，自东而西有静心斋、天王殿、九龙壁、澄观堂、阐福寺、五龙亭、小西天、万佛楼等，多为斋堂梵宇的宗教性建筑。静心斋建于乾隆二十一年（1756），原名镜清斋，是北海一座典型的园中之园。光绪十一年（1885）扩建后，改称静心斋。全园布局以叠石假山为主景，周围环绕斋亭楼轩等建筑，环境幽雅而清静。入门为荷池，池北是主体建筑静心斋。静心斋面阔五间，进深一间，前出廊五间，后出厦三间，卷棚歇山灰瓦顶。斋后临山池，左右皆峰峦岩洞，池中是横架水面的沁泉廊。廊面阔三间，进深一间，卷棚歇山顶。站在廊上，可环视全园景色。廊下的滚水霸，曾是帝后消暑纳凉的地方。沁泉廊东面是一座精美的汉白玉圆孔桥，俗称小玉带桥。桥南有一处幽静的庭院，院内以湖石围出一泓池水，池北建抱素书屋，池东建韵琴斋。韵琴斋面阔二间，卷棚硬山顶，南山墙开锦窗，窗外随山墙建碧鲜亭。隔

静心斋

窗南望，碧波荡漾的太液池尽收眼帘，挺拔俊秀的琼岛白塔凝聚窗中，堪称绝妙的借景之作。

静心斋西北角的叠翠楼，是全园的最高建筑，登楼可远眺太液秋波、琼岛春阴和景山秀色。叠翠楼两侧接游廊，随山势叠落而下，向东南可达罨（yǎn，覆盖）画轩。静心斋西面的天王殿，是一座创建于明代的寺庙建筑。清初殿宇荒芜，乾隆二十四年（1759）扩建后，改称西天梵境。进门为天王殿，殿前有一座琉璃牌坊，殿后是正殿——大慈真如殿，其后为琉璃阁。琉璃阁为发券无梁殿结构，壁上镶嵌五彩琉璃花饰和佛像，精美异常。西天梵境西面，是著名的北海九龙壁。这是一座仿木构彩色琉璃影壁，建于乾隆二十一年（1756）。壁长25.52米，高

6.9 米，厚 1.42 米。全壁用 424 块七色琉璃砖砌成，色彩艳丽，工艺精湛，是琉璃结构建筑中的杰作。壁两面各有九条蟠龙，凌空飞腾在波涛骇浪之中，形态各异，栩栩如生。壁的正面脊、垂脊、筒瓦、陇垂等处都雕有各种各样的龙形，共有 635 条之多。在我国现存的三座九龙壁中，山西大同九龙壁和北京故宫九龙壁均为单面雕龙，唯有北海九龙壁是双面雕龙，更显珍贵。小西天建于乾隆三十五年（1770），是北海一处规模较大的宗教建筑群。殿内有一座仿南海普陀山的泥塑大山，塑有南海观音菩萨及罗汉像。殿外四隅建角亭，四面环绕水池。小西天北面的万佛楼，与小西天同时建成，是乾隆帝为庆贺皇太后八十寿辰而建。楼内供奉万尊铜铸鎏金佛像。

（二）中南海

明代扩展中海、广掘南海后，使中南海成为皇家御苑。清康熙、乾隆年间，在南海瀛台和中海东岸地区增建许多宫殿楼阁。光绪年间，慈禧太后再次对中南海进行扩建。清代，中南海是皇家的避暑之地，在沿岸和岛上分布着勤政殿、宝月楼、涵元殿、瀛台、翔鸾阁、紫光阁、海宴堂、万善殿、水云榭等建筑。

南海风光，以瀛台景色最佳。瀛台是南海中的一个小岛，东、西、南三面临水，唯有北面的石堤与外面陆地相通。明代称南台，是西苑"一池三山"布局中的瀛洲仙境，四周碧波如画，楼宇嵯峨。清代，瀛台既是帝后的避暑胜地，也是康熙、乾隆诸帝园居理朝听政之处。光绪二十四年（1898）戊戌变法失败后，光绪被慈禧囚禁于此。瀛台正门为翔鸾阁，阁广 7 楹，左右延楼回抱，各 19 楹。阁后东西楼对耸，东为祥辉楼，西为瑞曜楼。阁南有涵元门，门内东为庆云楼，西为景星楼，南为涵元殿。涵元殿是瀛台正殿，原名香扆（yǐ，古代一种屏风）殿，乾隆六年（1741）改为现名。乾隆《御制瀛台记》云："入西苑门有巨池，相传曰太液。循东岸南行，折而西，过木桥，邃宇五间，为勤政殿。自勤政殿南行，石堤可数十步，阶而升，有楼门向北，扁曰瀛台门。内有殿五间，为香扆殿。殿南飞阁环拱，自殿至阁，如履平地。忽缘梯而降，方知为上下楼。楼前有亭，临水，曰迎薰。亭东西奇石古木，森列如屏。自亭东行，过石洞，奇峰峭壁，蓼辖荟蔚，有天然山林

之致。盖瀛台唯北通一堤，其三面皆临太液，故自下视之，宫室殿宇，杂于山林之间，如图画所谓海中蓬莱者。名曰瀛台，岂其意乎？"瀛台南岸的宝月楼，建于乾隆二十三年（1758），是瀛台建筑群中轴线的延伸。宝月楼裏一座琉璃瓦顶、雕梁画栋的 2 层明楼，上下各 7 间。中海西岸的紫光阁，明代称为平台，是皇帝观看跑马射箭的地方。台高数丈，上建黄琉璃瓦小殿，可拾级而上。康熙年间，每年仲秋在此观看八旗侍卫大臣比武射箭。乾隆二十五年（1760）重建后，将平定伊犁回部和大小金川叛乱的 200 名功臣图置于阁内，并在阁的四壁满绘这两次征伐的壁画。此后，每年农历正月十九日，皇帝都在紫光阁设功臣宴，观览功臣图，以炫耀武功。

二、畅春园

北京西郊海淀周围，河渠纵横，泉水充沛，远山如屏，景色优美，是著名的山水风景胜地。明代，皇亲国戚、达官贵人纷纷在此建造宅园，如规模宏大的清华园、幽雅秀丽的勺园。于是，风景如画的西郊遂成为北京地区私家园林的荟萃之地。清康熙年间，随着国家政权的稳定和经济的发展，开始兴建离宫别苑，形成一个声势浩大的造园运动。"三山五园"之一的畅春园，是清代修建的第一处著名的皇家园林。

畅春园原址为明武清侯李伟的清华园。康熙二十三年（1684）和二十八年（1689），康熙曾两次南巡，对江南秀美的山水和精致的园林十分爱慕，回京后即命善画山水的叶洮设计建造一座避喧听政的园苑，并取名畅春园。园成之后，康熙经常在此居住，并奉孝庄文皇后和孝惠章皇后到此休憩。畅春园面积约 60 万平方米，主要建筑有春晖堂、内殿、照殿、倒座殿、渊鉴斋、云涯馆、集凤轩、延爽楼、恩祐寺等。

畅春园共设五座园门，即大宫门、大东门、小东门、大西门、西北门，宫墙为虎皮石墙。正门为大宫门，卷棚硬山顶，面阔五间。清代于敏中等编纂的《日下旧闻考》对宫廷区建筑有详细记载："畅春园宫门五楹，门外东西朝房各五楹。小河环绕宫门，东西两旁为角门，东西随墙门二，中为九经三事殿。殿后内朝房各五楹。二宫门五楹，中为春晖堂，五楹，东西配殿各五楹，后为垂花门，内殿五楹为寿萱春永。左右配殿五楹，东西耳殿各三楹，后照殿十五楹。"延爽楼是园内最高大的建筑，面阔九间，高三层，登楼可远眺全园秀丽景色。楼北是宽阔的湖水，遍植荷花，湖中有鸢飞鱼跃亭，亭南有水榭观莲所。东南角的一组独立建筑，名澹宁居，前殿为康熙御门听政、选馆、引见之所，后殿为乾隆幼年读书处。澹宁居北面有一座大型土石假山，名剑山，山顶山麓各建一亭。剑山北面，循丁香堤西行可达渊鉴斋。斋坐北朝南，面阔七间。渊鉴斋周围楼阁密集。斋后临河为云容水态，左廊后为佩文斋，其后东有兰藻斋，西有葆光斋；斋前水中有敞宇三楹，名藏辉阁，阁后临河为清籁亭；前湖西岸的凝春堂与东岸的渊鉴斋遥相呼应，形成对景。凝春堂北面，后湖水中有一高阁，名蕊珠院。北岸临水层台上建观澜榭，台下东西各建水柱殿。蕊珠院西面的集凤轩，是一组院落建筑群，轩前连房九楹，中为穿堂门，门北正殿七楹，殿后左有月崖，右有锦陂亭。出集凤轩西的穿堂门，循河南行，即达大西门。门外为畅春园的附园西花园。

咸丰十年（1860），畅春园被英法联军焚毁。

三、静宜园

静宜园位于北京西郊香山。香山层峦叠嶂，山高林密，清泉涌流，景色宜人，环境清幽。金大定二十六年（1186），金世宗完颜雍在香山建永安寺和行宫，后又增建会景楼和祭星台。元、明两代，又增建佛寺。清康熙十六年（1677）建香山行宫。乾隆十年（1745）进行大规模扩建，增建许多殿堂、台榭、亭阁，修建宫门、朝房，并加修一道周长5千米的围墙，赐名静宜园。

静宜园占地约160万平方米，分为内垣、外垣、别垣三部分，建筑景观与自然景观多达50余处，经乾隆题名者即有28景。其中，自勤政殿至雨香馆为内垣，是建筑景观荟萃之区，共20景，即勤政殿、丽瞩楼、绿云舫、虚朗斋、璎珞岩、翠微亭、青未了、驯鹿坡、蟾蜍峰、栖

香　山

云楼、知乐濠、香山寺、听法松、来青轩、唳霜皋、香岩室、霞标磴、玉乳泉、绚秋林、雨香馆。自晞阳阿至隔云钟为外垣，多为自然景观，有8景，即晞阳阿、芙蓉坪、香雾窟、栖月崖、重翠崦、玉华岫、森玉笏、隔云钟。别垣建造较晚，有昭庙和正凝堂建筑群。

内垣位于园东南部，包括宫廷区和著名的古刹香山寺。正门为东宫门，面阔五间，两厢朝房各三间。东宫门内的勤政殿，是静宜园的正殿，面阔五间，两厢朝房各五间。勤政殿北面是致远斋，斋西有韵琴斋和听雪轩。位于宫廷区南面的中宫，周围环以墙垣，主体建筑虚朗斋前的石渠为曲水流觞，斋南有画禅室，北有学古堂，东、西为郁兰堂和仁芳楼。中宫四面各设宫门。东宫门外有两条石板路，南路通香山寺，东路经城关西达带水屏山。带水屏山是一座以水瀑为主要景观的庭院，院西是对瀑，上为怀风楼，其后有琢情之阁。带水屏山西面的璎珞岩，亦为著名的水瀑景观。泉水自岩穴中涌出，倾者如注，散者如滴。璎珞岩东南的清音亭，是观赏水景的最佳景点。璎珞岩东北的翠微亭，四周古木参天，景色极佳。香山寺位于璎珞岩西面，原名永安寺，乾隆十年扩建后，改为现名。香山寺是静宜园内规模最大的一座寺院，共五进院落，寺前建坊楔，山门东向。山门内第一进为钟鼓楼和戒坛，第二进为正殿七楹，第三进为后殿，第四进为六方形三层楼阁，第五进是雄踞山巅的两层后罩楼，上下各六楹。香山寺北面是观音阁，阁后为海棠院。

外垣是静宜园的高山区，建筑景观较稀疏，以自然景观取胜。晞阳阿位于山梁上，东、北两面各建一座牌坊，西面为朝阳洞，再西即香山主峰——香炉峰。晞阳阿北面的芙蓉坪，是一座正厅为三开间的楼阁，登楼可远眺香山景色。芙蓉坪西南的香雾窟，是园内最高的建筑群，附近有竹炉精舍、栖月崖、重翠崦等建筑。外垣的山间岩畔，点缀着阆风亭、隔云钟等亭榭。

昭庙是别垣的主体建筑。昭庙全称宗镜大昭之庙，是乾隆四十五年（1780）为接待西藏班禅六世来京朝觐而建的大型寺庙，兼有汉、藏建筑特色。昭庙坐西朝东，山门前建有琉璃牌坊，东面额曰"法源演庆"，西面额曰"慧照腾辉"。山门内为前殿三楹，一座藏式大白台环绕在前殿的东、南、北三面，上下凡四层。西面为清净法智殿，殿前有一八角重檐碑亭，殿后为一座藏式大红台，四周上下亦四层。昭庙西面山腰处，耸立一座八角七层密檐式琉璃塔。昭庙仿照西藏日喀则扎什伦布寺而建，与承德须弥福寿庙属同一形制。昭庙北面的正凝堂，始建于明嘉靖年间，是一座富有江南情趣的园中之园。清嘉庆年间重建后，改称见心斋。斋内有一半圆形大水池，泉水由石凿的龙口中源源不断地注入池内。池西有三间背山面水、小巧玲珑的水榭，名见心斋，匾额为嘉庆亲题。池东建一方亭，与见心斋隔水相对。见心斋西面的假山上，有一座居高临下的建筑，名正凝堂。

咸丰十年（1860）和光绪二十六年（1900），静宜园先后被英法联军和八国联军劫掠焚烧，园内建筑大部毁坏。

四、静明园

静明园位于北京西郊玉泉山麓。玉泉山清泉涌流，树木成荫，景色宜人，是京郊久负盛名的游览胜地。山顶有金代修建的芙蓉殿行宫遗

│ 玉泉山 │

址，相传金章宗完颜璟曾在此避暑。元世祖忽必烈曾在此建昭化寺。明正统年间（1436—1449）建上下华严寺。清顺治二年（1645）重修后，改称澄心园。康熙三十一年（1692）改为静明园。乾隆十五年（1750）进行大规模扩建后，将玉泉山及山麓的河湖地段全部圈入宫墙之内，成为京西著名的"三山五园"之一。

静明园是一座典型的自然山水园。乾隆十八年（1753），乾隆以四字命名园内景点 16 处，即廓然大公，芙蓉晴照、玉泉趵突、圣因综绘、绣壁诗态、溪田课耕、清凉禅窟、采香云径、峡雪琴音、玉峰塔影、风篁清听、镜影涵虚、裂帛湖光、云外钟声、碧云深处、翠云嘉荫。全园面积约 65 万平方米，有 30 余处建筑群，分布在南山、东山和西山三个景区。

南山景区是静明园建筑精华的荟萃之地，主要建筑廓然大公、竹炉山房、华藏塔、玉峰塔、香岩寺都集中在这里。入南宫门，是静明园的宫廷区。第一进院落是正殿廓然大公，面阔 7 间，东西配殿均面阔 5 间。第二进院落是后殿涵万象，殿北为玉泉湖。玉泉湖是园内最大的湖泊，湖中按皇家园林"一池三山"的传统格局，鼎列三岛。中央大岛上有芙蓉晴照，正厅名乐成阁，阁西为虚受堂，堂西的景点玉泉趵突，是天下闻名的玉泉泉眼所在处。泉旁耸立两座石碑，左碑有乾隆御书"天下第一泉"五字，右碑为乾隆御制《玉泉山天下第一泉记》。玉泉北面是龙王庙，庙南有仿无锡惠山听松庵而建的竹炉山房。玉泉山南侧山腰，原有华藏海禅寺，现寺已毁坏，仅存峰顶的华藏塔。塔为仿木结构密檐式汉白玉石塔，八角七层。须弥座束腰部分雕刻精美的释迦故事图，塔身遍饰佛像及各种雕刻。玉泉山主峰之巅的香岩寺，是南山景区最突出的建筑群。寺依山势层叠而建，显得格外壮观。屹立在山巅的玉峰塔，是全园最高的建筑物，形成著名的景点玉峰塔影。玉峰塔为仿木结构楼阁式砖石塔，八角七层，通高 30 米，仿镇江金山寺慈寿塔形制而建。玉峰塔所处位置极佳，不仅与南侧峰顶的华藏塔、北侧峰顶的妙高塔遥相呼应，装点着园内的秀丽景色，而且成为颐和园及西郊诸园的一处借景。

狭长形的影镜湖是东山景区的重要景观，沿湖楼阁错落有致，回廊曲折围合。湖东岸有临水而建的水榭延绿厅,南岸有蜿蜒曲折的水廊分鉴曲和写琴廊,西岸有景点镜影涵虚,北岸有景点风篁清听。影镜湖的北面为宝珠湖,湖西岸建有书画舫和游船码头。北侧峰顶的妙高寺,是东山景区最显著的建筑群。寺前建汉白玉牌坊,寺中耸立一座金刚宝座塔,名妙高塔。塔的下部是2米高的方形砖石基座,基座上分建五塔,中央的主塔为藏传佛塔式,高耸入云,四隅的小塔圆而瘦长。塔身无花纹装饰,显得纯朴而美观。妙高塔北面是该妙斋,附近有含经堂、楞伽洞等散置山间。

西山景区有东岳庙、圣缘寺、清凉禅窟等建筑群。入西宫门,是玉泉山西麓开阔平坦的景区,主体建筑东岳庙位于中心地带。东岳庙坐东朝西,是一座规模庞大的道教建筑。山门前是由3座牌坊围合成的庙前广场,山门后依次建有正殿仁育宫、后殿玉宸宝殿和后照殿泰钧楼。东岳庙南的圣缘寺,是一座四进院落的佛寺,第四进院落建一座琉璃砖塔。东岳庙北的清凉禅窟,曲廊回转,亭榭接踵,幽雅清静,是一座风景秀丽、充满禅意的小园林。

咸丰十年(1860),静明园被英法联军劫掠焚烧,园内大部分建筑毁坏。光绪年间曾对部分建筑进行修复。

五、圆明园

位于北京西郊海淀的圆明园,是清代继畅春园、避暑山庄之后,营建的第三处大型皇家园林,也是中国古典园林中最为瑰丽多姿的离宫御苑。圆明园基址原为明代皇亲国戚的故园遗址,清初被收归内务府奉宸院。康熙四十八年(1709),作为藩邸私园赐给皇四子胤禛(即后来的雍正帝),并由康熙御笔亲题"圆明园"匾额。雍正在《圆明园记》中对"圆明"的解释是:"夫圆而入神,君子之时中也。明而普照,达人之睿智也。"雍正三年(1725)圆明园改为离宫御苑,增建殿堂和楼阁,作为听政朝贺之所。乾隆即位后,再次在园内大兴土木,使圆明园步入全盛时期。乾隆十六年(1751)和三十七年(1772),先后建成圆明园的附园长春园、绮春园(后改称万春园),与圆明园合称为"圆明三园"。此后,嘉庆、道光、咸丰各朝又屡有修建。经过长达150年的营

圆明园遗址

建，使圆明园成为一座规模宏大，风光秀丽的皇家园林。

作为一座大型人工山水园，圆明三园的主要景区都以水为主题，因水而成趣。全园利用原来多泉的沼泽地，挖湖堆山，使人工开凿的水面占全园面积的一半以上。回环萦绕的河道，把众多的水面联成一个完整的河湖水系。园中无险峻高山，以岗阜丘陵组织景区、划分空间，加以河、湖、池、渠分隔，使叠石而成的假山，聚土而成的岗阜、岛屿、堤岸，散布于园林各处。它们与星罗棋布的建筑、纵横交错的河湖相结合，创造出一系列丰富多彩，各具特色的园景。其中，有仿效江南名园的，如坐石临流仿绍兴兰亭，招鹤磴仿杭州西湖放鹤亭，安澜园仿浙江海宁隅园；有体现古代诗画意境的，如以陶渊明《桃花源记》为蓝本创造的武陵春色，以王维《辋山图》为依据构筑的北远山村；有追求神仙境界的，如福海中寓意东海三神山的蓬岛瑶台；有利用植物、山石为造景主题的，如镂月开云的牡丹，天然图画的修竹；亦有西洋建筑形式的景区，如长春园北部的西洋楼。圆明园不愧为一座典型的集锦式皇家园林。正如一位法国艺术史家所说:"中国人对花园比住房更为重视,花园的设计犹如天地的缩影,有着各种各样自然景色的缩样,如山峦、岩石和湖泊。18世纪中,这种花园在欧洲被模仿,先在英国,后在法国。"①

圆明三园总面积约5 200余亩,周围10千米,围墙2万米。园内各种桥梁100余座,楼台殿阁、亭榭轩馆等建筑面积16万平方米,并配以奇石假山,小桥流水,树木花卉,形成150余处园林景观。雍正时期,有正大光明、勤政亲贤、镂月开云、淡泊宁静、鱼跃鸢飞等28景。乾隆时期,新增坐石临流、月地云居、山高水长、方壶胜景等12景,连同原先的共成40景。由乾隆亲自题署的40处园景如下。

正大光明	勤政亲贤	九洲清晏	镂月开云
天然图画	碧桐书院	慈云普护	上下天光
杏花春馆	坦坦荡荡	茹古涵今	长春仙馆
万方安和	武陵春色	山高水长	月地云居
鸿慈永祜	汇芳书院	日天琳宇	淡泊宁静
映水兰香	水木明瑟	濂溪乐处	多稼如云
鱼跃鸢飞	北远山村	西峰秀色	四宜书屋
方壶胜境	澡身浴德	平湖秋月	蓬岛瑶台
接秀山房	别有洞天	夹镜鸣琴	涵虚朗鉴
廓然大公	坐石临流	曲院风荷	洞天深处

咸丰十年(1860),英法联军疯狂劫掠圆明园的珍宝后,纵火焚园,使这座举世无双的"万园之园"沦为一片废墟。

(一)圆明园

圆明园的景区,依水系构图可分为五大区域。

第一区为宫廷区,主要建筑有大宫门、正大光明殿、长春仙馆、勤

---

① [法]热尔曼·巴赞《艺术史》,上海人民美术出版社,1989年版,第564页。

政亲贤殿、保和太和殿、九洲清晏殿等，是皇帝贺朝听政和居住的地方。大宫门是圆明园的正南门，面阔 5 间，雕梁画栋，金碧辉煌。门前设置鎏金铜狮一对，两侧分列东、西朝房和各部衙门值房。大宫门北为出入贤良门，门内的正大光明殿是圆明园的正殿，是皇帝朝会听政和举行重大庆典的地方。殿面阔七间，单檐歇山顶，梁、柱等均为楠木结构，不雕不绘，显得庄重典雅。殿内装饰和陈设极其豪华富丽，天花板雕饰精致的花纹，悬吊晶莹剔透的西洋刻花玻璃灯具，雕花桌柜上摆设各种珍奇宝玩。正大光明殿东侧的勤政亲贤殿，是皇帝处理日常政务和接见臣僚的地方。殿面阔 5 间，殿内摆满紫檀雕镂的桌椅，正中设有皇帝的御座，两旁为书柜。勤政亲贤殿东北的保合太和殿，是一座带三间抱厦，面阔九间的大殿。殿内装修华丽，地板是拼成精美图案的大理石，天花板上悬挂灿烂的玻璃灯架。保合太和殿后为富春楼，楼内收藏许多名贵的古代字画；西边院落有飞云轩、四得堂、暖阁、秀木佳荫、生秋亭等五进厅堂轩阁，都是妃嫔的寝宫；东边院落的 18 间库，是一座储存皇家衣物的大库房。正大光明殿的正北坐落着帝后的寝宫——九洲清晏。这是园内规模最大的宫殿建筑群之一，包括中部的圆明园殿、奉三无私殿、九洲清晏殿，西部的乐安和、清晖阁、露香斋、茹古堂，东部的天地一家春、承恩堂等。圆明园殿位于前湖北岸，面阔五间，正门檐下悬挂康熙御书"圆明园"匾额。九州清晏殿面阔七间，前后设廊。"九州清晏"取自《尚书·禹贡》中"禹贡九州"的典故，并在后湖的周围划分九座州渚，象征天下九州。

第二区为后湖区，包括宫廷区以南、围绕后湖的镂月开云、天然图画、碧桐书院、慈云普护、上下天光、杏花春馆、坦坦荡荡、茹古涵今，以及后湖东面的曲院风荷、苏堤春晓、九孔桥，东南面的如意馆、洞天深处、前垂天贶，西面的万方安和、山高水长等，都是供帝后嫔妃游赏的园林建筑。镂月开云为园内早期建筑之一，原名牡丹台，殿前种植大片牡丹，殿后古松青青。殿面阔3间，卷棚歇山顶，上覆五色琉璃瓦，殿内雕梁画栋，装饰豪华。镂月开云北面有一座景致清幽、格调高雅的庭院，院中的天然图画楼是一座造型秀美的重檐高阁，悬有乾隆御书"天然图画"匾额。楼北的朗吟阁，是一座三层重檐高阁，通过游廊与天然图画楼连为一体。当年，登上天然图画楼，周围的湖光山色，楼阁台榭，以及远处连绵不断的西山秀峰、玉泉宝塔，尽收眼底，构成一幅风景秀美的天然图画。天然图画北面的碧桐书院，是皇帝读书的地方。院内前宇三楹，正殿五楹，后照殿五楹，周围种植桐树，环境幽静。碧桐书院西面的慈云普护，是一座宗教建筑群。主要建筑为慈云普护楼，楼上供奉观音菩萨，楼下祀奉关羽神像。楼东有一座龙王庙，供奉圆明园福海的昭福龙王。慈云普护西面的上下天光，是一座临水而建的二层楼阁。楼建在一座平台上，平台的前部伸向水中，楼四周有宽阔的游廊，左右各有一座六方亭。近水楼台和水亭，与碧波荡漾的湖水及沿岸建筑，共同构成上下天光的秀丽景色。坦坦荡荡是园内最大的观鱼池。鱼池中央的平台上建有观鱼用的风光霁月堂，平台东、西、北三面出廊，将鱼池分隔为一大两小规整的"品"字形，环池设置汉白玉雕栏。西北面小池中的知鱼亭，是一座小巧玲珑的方亭。人们可在台榭和方亭欣赏水中游鱼，亦可绕池凭栏观看鱼戏，显得悠然自得。万方安和是一组构筑在

池水中的"卐（万）"字形建筑群，由33间房屋组成一座四面出廊的水殿。这种建筑形式是中国古代建筑中绝无仅有的孤例。山高水长是园内最开阔的景区，南北长500米，东西宽200米，是节日燃放烟火的地方。东边有土山与其他景区相隔，土山西边是一字长蛇形的建筑群。主体建筑山高水长楼是一座二层高阁，面阔九间，东西户牖开敞，南北山墙围蔽。登楼眺望，可观赏园外大片的田园、潺潺的溪水、茂密的树林及远处西山的层层峰峦，令人心旷神怡。

　　第三区为北园区，包括中部的濂溪乐处，汇万总春之庙、武陵春色，东部的西峰秀色、舍卫城、同乐园、坐石临流、柳浪闻莺、文源阁、水木明瑟、映水兰香、淡泊宁静，西部的汇芳书院、鸿慈永祜、日天琳宇、月地云居、法源楼等。各组建筑功能不一，有宗教建筑，有观赏景点，亦有专供市货娱乐的场所。与万方安和一山之隔的武陵春色，是体现陶渊明《桃花源记》意境的一处景区，具有幽僻、深邃的山林野趣。主体建筑桃花坞，是乾隆幼年读书处。洞天日月多佳景、小隐栖迟、金璧堂、清会亭、清秀亭等建筑小巧玲珑，深藏在山坳里，将世外桃源的景色呈现在人们面前。由武陵春色西行，翻山渡河，便来到宗教建筑群月地云居。主殿月地云居面阔 5 间，与法源楼、静室等组成宏大的古刹景区，背山临流，古大参天，别有一种清幽之感。月地云居北面的鸿慈永祜，是园内太庙，始建于乾隆七年（1742）。主殿安佑宫面阔 9 间，重檐庑殿顶，上覆黄琉璃瓦，气势宏伟，金碧辉煌。殿内中龛供奉康熙遗像，左龛供奉雍正遗像，右龛供奉乾隆遗像。殿前汉白玉围栏的月台上，陈设铜鹿、铜鹤、铜鼎各一对。院内苍松翠柏，郁郁葱葱，格外庄严肃穆。文源阁建于乾隆三十九年（1774），仿浙江宁波天一阁建造，是园内最大的藏书楼。文源阁东面的舍卫城，是一座城堡式的佛寺。在这座南北长 100 米，东西宽 80 米的小小佛城中，建有 362 间殿宇和游廊，供奉 10 万余尊佛像。舍卫城前是一条贯穿南北的买卖街。街上设有各种商号、店铺、茶馆、戏院，货物齐全，热闹非常。同乐园是买卖街的娱乐场所，内有三层高的大戏台——清音阁。

第四区为福海区，湖中有蓬岛瑶台，环湖南岸有湖山在望、一碧万

| 圆明园福海 |

顷、夹镜鸣琴、广育宫、南屏晚钟、西山入画、别有洞天，东岸有观鱼跃、接秀山房、涵虚朗鉴、雷峰夕照、方壶胜境、三潭印月、蕊珠宫，北岸有君子轩、双峰插云、平湖秋月，西岸有廓然大公、延真院、澡身浴德等，大多仿照江南名园胜景建造。福海是园内最大的水域，长、宽各500米。在辽阔的水面上设置三座方形小岛，以中央大岛蓬岛瑶台为主，南有瀛海仙山，北有北岛玉宇，构成丰富多彩的景观画面。蓬岛瑶台仿唐代画家李思训"仙山琼阁"画意而建。在一座宽敞的四合院中，以神洲三岛为主体建筑，东有随安室、畅襟楼，西建一座四角攒尖亭，南为镜中阁。福海四周，岗阜起伏，河渠纵横，分布着众多造型各异的建筑景观。东岸的接秀山房，是一座装饰华丽的建筑。宫殿的梁、柱、窗及室内家具，全部采用珍贵的紫檀木，并雕饰精美的花纹图案。方壶胜境是一组宏伟壮丽、金碧辉煌的宫殿建筑群。正殿哕鸾殿临水而建，殿前巨大的汉白玉石座成"山"字形伸向水面，上建一榭五亭。宫殿、亭榭与水中倒影上下掩映，充分显现仙山琼阁的意境。平湖秋月、三潭印月、南屏晚钟均取材于杭州西湖十景，并根据园内山水地势，因地制宜，进行艺术再创造。

第五区为内宫北墙外的狭长景区，在蜿蜒的河道两岸，自东而西散置10余组建筑群，主要有天宇空明、清旷楼、关帝庙、若帆之阁、北远山村、鱼跃鸢飞、多稼如云、紫碧山房，创造出一派山村田园风光。位于最北面的北远山村，是一处具有渔村农舍特色的景区。这里没有华美壮丽的殿堂楼阁，只是像一个小村落一样，散置数间竹篱茅舍。北远山村西面的鱼跃鸢飞，是一座跨于池上的方形建筑，四面设门，各五楹。紫碧山房建在西北角全园最高的一处土岗上，象征昆仑山。

（二）长春园

圆明园东侧的长春园，面积1 000余亩，设置30余处景点，分为南、北两大景区。

长春园南景区占全园的绝大部分，利用岛屿、桥梁、堤岸，将宽阔的湖水划分为若干水域，在岛上及湖水周围设置景色各异的玲珑小园。长春园宫门面阔五间，气势庄重，装饰华丽。门前陈设一对铜麒麟，造型雄伟，形象逼真。宫门内的正殿为澹怀堂，面阔9间，殿前有月台丹

圆明园长春园

壕，殿后为众乐亭。园内中央大岛上的淳化轩，是全园的主体建筑群，有殿堂、游廊、值房、库房、茶膳房等建筑 480 余间。淳化轩是皇家存放碑帖的大殿，面阔 9 间，卷棚歇山顶，覆黄色琉璃瓦。大殿左右廊各 12 间，因墙上镶嵌 144 块"淳化阁帖"的刻石，而得名淳化轩。淳化轩前有含经堂，后有蕴真斋。含经堂面阔 5 间，相传为乾隆归政后诵经礼佛的经堂。堂东有霞翥楼、渊映斋，堂西有梵香楼、涵光室。淳化轩景区东南的玉玲珑馆，是一座极富诗情画意的庭院。院内主要建筑玉玲珑馆、益思堂、蹈和堂、鹤放斋等，均由游廊相连，小巧玲珑，别具一格。淳化轩景区西南的思永斋，是一处隐没在密林深处的庭院。主体建筑思永斋面阔 7 间，殿北建有工字廊套殿，再北为八角形金鱼池，四周环绕汉白玉雕栏。斋东别院为小有天园，面积虽小，却以人工叠山享有盛名。东北角的狮子林，仿苏州名园狮子林建造，并再现元代画家倪云林《狮子林图卷》的画意。乾隆时，有清淑斋、小香幢、延景楼、画舫、横碧轩、探真书屋、云林石室、水门等8景；嘉庆时新增8景，御制"狮子林十六景"。

长春园北部的西洋楼景区，是一组欧式宫殿建筑群，建于乾隆十二年至二十四年（1747—1759），由天主教传教士法国人蒋友仁负责喷泉设计，意大利人郎世宁和法国人王致诚负责建筑设计，波希米亚人艾启蒙负责庭园设计。整个景区占地100余亩，包括谐奇趣、蓄水楼、养雀笼、方外观、海晏堂、远瀛观等6幢西洋建筑物，大水法等3组大型喷泉，以及若干小喷泉和园林小品。这些欧洲18世纪中叶盛行的巴洛克风格宫殿建筑，总体布局采用西方轴线对称的方式，柱式、基座、门窗等均为欧洲传统形制，并配以中国古代建筑特有的琉璃瓦顶、砖雕和叠石技术，可谓别具一格。位于景区西部的谐奇趣，是最早建成的欧式宫殿。这座华丽的洋楼建在汉白玉高台上，楼前有玉石栏杆建成的月形阳台，窗口装饰五色琉璃花砖，楼顶覆以紫色琉璃瓦。楼南左右两侧各建六角楼厅，由曲廊与主楼相连。楼前巨大的海棠式喷水池中，有一条翻尾大石鱼，环池设置10只大雁和4只羊。这些动物口中不停地喷出水柱，成曲线型注入水池。为供应谐奇趣喷泉用水，专在楼西北建有两层蓄水楼。海晏堂是安装水法机械设备的洋楼，由东部的蓄水楼和西部的大殿组成，中部有走廊连接。大殿是一座大理石建的洋楼，两层11间，为园中最大的西洋楼。墙壁刷成粉红色，楼窗四周镶嵌五色琉璃砖，大理石柱子上雕饰精美的花纹图案。蓄水楼的下部是走廊，上部是阳台，楼上中心部位是一个用锡板焊成的大水池，可容水180吨，楼顶建有两间水车房。值得称道的是，西部大殿中门外有一组结构独特而复杂的喷泉。喷水池正中是一座2米高的蛤蜊石雕，池两侧分列十二生肖动物铜像，代表十二时辰，每隔一个时辰依次按时喷水，正午时所有铜像一齐喷水，蔚为壮观。海晏堂东面的石龛式大水法，是园内最大的一处喷泉。喷水池正中是一只铜铸梅花鹿，鹿角分为八叉，喷出八道水柱。池两侧各建一座花瓣型水池，每池中心有一座13级方形喷水塔。三座喷泉组成气势磅礴的大喷泉，数十道水柱喷向空中，然后倾泻而下，四处散落，犹如无数珍珠。大水法北面的远瀛观，建在石砌高台上，汉白玉石柱上雕刻着精美的花纹，顶部正中是一巨大的琉璃宝顶，花纹色彩颇为壮观。大水法对面的观水法，是皇帝观赏水法的地方。

（三）绮春园

绮春园的前身，是多座小型私家园林。乾隆年间大规模扩建圆明园时，将它们收归皇家所有，经过不断改建，终于成为一座占地1 000余亩，拥有30处景点的皇家园林。圆明三园落成后，绮春园便成为皇太后和嫔妃们居住的地方。道光年间，孝和皇太后曾在此园居住。咸丰年间，康慈皇太后亦居此园。同治十二年（1873），为迎接慈禧太后40寿辰，决定重建圆明园，将绮春园改称万春园。

由多座小型园林连缀而成的绮春园，既没有圆明园的富丽堂皇，也没有长春园的雄伟挺秀，而是以布局灵活，婉约多姿取胜。园内水面和岗阜曲折有致，因势穿插点景的亭榭轩斋等建筑，显得疏朗开阔，景色秀丽，更具水村野居的自然情调。嘉庆年间，万春园曾有30景。据《养吉斋丛录》记载："三十景者：敷春堂、鉴德书屋、翠合轩、凌虚阁、协性斋、澄光榭、问月楼、我见室、蔚藻堂、蔼芳圃、镜绿亭、淙玉轩、舒卉轩、竹林院、夕霏榭、清夏斋、镜虹馆、春雨山房、舍光楼、涵清馆、华滋庭、苔香室、虚明镜、含淳堂、春泽斋、水心榭、四宜书屋、茗柯精舍、来薰室、般若观。"[1]30景中的建筑景观，尽管形式多样，不拘一格，但都以适合供养后妃的环境而出现。例如，为了给人一种在此居住四季皆宜的感觉，分别建有春泽斋、消夏堂、涵秋馆、生冬室；而含晖楼、知乐轩、凤麟洲、鉴碧亭、澄心堂、招凉榭等各式各样的殿堂亭榭，建筑精巧，装饰豪华，是后妃们游赏的理想之处。

六、避暑山庄

承德避暑山庄又称热河行宫、承德离宫，坐落在承德市区北部一片山谷盆地中，是清朝皇帝夏日避暑和处理政务的离宫别苑。始建于康熙四十二年（1703），康熙四十七年（1708）初具规模，直至乾隆五十五年（1790）竣工。山庄四周群山环抱，层峦叠嶂，奇峰异石林立，湖沼

---

[1] 转引自任常泰、孟亚男《中国园林史》，北京燕山出版社，1993年版，第271页。

溪流萦绕，山清水秀，野趣盎然，具有十分优美的自然环境。康熙帝亲自营建了以三字题名的 36 景，并在山庄正宫的内午门上题额"避暑山庄"。乾隆时，陆续增建园内景点及寺观庙宇，并增赋以四字题名的 36 景，合为 72 景。这些景点是充分运用中国传统的造园手法，集中南北园林艺术的精华而建成的。在山庄外围建造的造型各异、别具一格的寺庙建筑群——外八庙，自北而东环绕山庄，犹如众星拱月一般，把山庄衬托得更加雄伟壮丽。

避暑山庄是自然山水与建筑景观浑然一体而又富于变化的皇家园林。山庄总面积 564 万平方米，其中五分之四为自然山地，其余是平原及湖泊，周围环绕长达 10 千米的虎皮石宫墙。园内有宫殿、楼阁、亭台、庭园、寺庙等建筑 110 余处。山庄的布局运用前宫后苑的传统手法，分为宫殿区和苑景区两大部分。

（一）宫殿区

宫殿区位于山庄南端，是皇帝处理朝政、举行庆典和居住的地方，

避暑山庄丽正门

由正宫、松鹤斋、万壑松风和东宫四组建筑组成。

正宫在宫殿区的最西部，由九进院落组成，分为前朝和后寝两部分，四周有围墙，形成一个封闭的建筑空间。主要建筑丽正门、避暑山庄门、淡泊敬诚殿、四知书屋、烟波致爽殿、云山胜地楼等，依次排列在南北中轴线上，建筑布局严谨，殿宇古朴典雅，环境庄严幽静。

南半部的五进院落为前朝。丽正门是山庄正门，建于乾隆十九年（1754），为乾隆题额36景的第一景。门前有两个神态凶猛的大石狮及下马碑，迎门是高大的红色照壁。门上建有阁楼，楼下开设三座门。中门上方镶"丽正门"匾额，用汉、满、蒙、藏、维五种文字刻成，汉字为乾隆御题。丽正门是袭用元大都皇城正门的名字，源自《易·离卦》"日月丽乎天，百谷草木丽乎土，重明以丽乎正，乃化成天下"。避暑山庄门又称内午门、阅射门，建于康熙四十九年（1710）。康熙、乾隆两帝常在门前观看近侍的射箭比赛，并根据考核的优劣进行除授官吏。门厅南面悬康熙御题"避暑山庄"鎏金匾额。门前置铜狮一对。淡泊敬诚

承德避暑山庄正门

殿是正宫的主殿，始建于康熙四十九年，乾隆十九年用楠木改建，故俗称楠木殿。大殿建在高 0.64 米的台基上，面阔 7 间，进深 3 间，周围用 42 根圆柱环以回廊。殿为歇山卷棚顶，屋面用青砖灰瓦，木材不饰彩绘，楹柱不加朱漆，显得庄重朴素。殿内梁柱、隔扇、天花板均为楠木，特别是 735 块天花板上雕刻的蝙蝠、卷草等纹饰，玲珑纤巧，造型精致。地面铺砌紫红色竹叶纹大理石，与楠木色调十分和谐，显得古色古香，庄严肃穆。殿北面门额悬康熙题"淡泊敬诚"匾额。清帝居住山庄时，各种隆重典礼都在这里举行。淡泊敬诚殿后面的依清旷殿，又称四知书屋，建于康熙四十九年，是清帝大典时休息更衣和平日召见大臣、处理军务的场所。四知指刚、柔、藏、显，源自《易·系辞》"君子知微、知彰、知柔、知刚，万物之望"。东山墙挂有嘉庆御书"刚柔相济政胥协，藏显咸浮治允宜"条幅。书屋面阔 5 间，进深 2 间，卷棚歇山顶，青砖灰瓦，与主殿之间有回廊相连。书屋北面的万岁照房，是北方民居形式的一排 19 间瓦房，用以宫女侍班和存放庆典物品。

北半部的四进院落为后寝。万岁照房北面的烟波致爽殿，是皇帝的寝宫，建于康熙四十九年。殿面阔 7 间，进深 2 间，卷棚歇山顶，青砖素瓦，门窗廊柱均不施彩绘，保持原木本色。殿正中三间为厅，是皇帝接受后妃朝拜的地方，中悬"烟波致爽"匾。殿东两间为堂，是皇帝与后妃闲谈之处；殿西两间，外间为佛堂，是皇帝每天早晨拜佛之处，里间是皇帝寝室，俗称西暖阁。大殿外观古朴典雅，室内布置精巧富丽。康熙谓此"四周秀岭，十里平湖，致有爽气"。每当春夏或雨后初晴，烟波浩渺，给人以旷然爽朗之感，故名烟波致爽。殿后是一幢玲珑别致的二层楼房，名云山胜地楼。楼面阔 5 间，进深 2 间，楼内未设楼梯，利用楼前的叠石做成室外蹬道。楼上西间为佛堂，门用楠木雕成莲花状，故又称莲花室，内供青玉观音。楼上东间是帝后赏月和眺望北面山庄秀丽景色的地方。

烟波致爽殿东侧的松鹤斋，是皇太后和嫔妃居住的地方，建于乾隆十四年（1749）。这是一组八进院落的建筑群，与正宫形制略同，有正殿松鹤斋及绥成殿、乐寿堂、畅远楼等建筑。院内假山别致，古松耸峙，环境幽静，生活气息浓郁。

松鹤斋北面的万壑松风，建于康熙四十七年（1708）。这里地势高敞，据岗临湖，举目四望，湖光山色尽收眼底。主殿万壑松风面阔 5 间，进深 2 间。乾隆幼时在此读书和陪侍康熙，继位后为纪念其祖父的慈爱，改称纪恩堂。殿南为三间平房，名鉴始斋，还有静佳室、颐和书室等建筑。各殿之间以半封闭回廊相通，北面有叠石蹬道，四周是郁郁葱葱的古松巨槐。

位于宫殿区东部的东宫，是皇帝举行庆赍燕饷大典的场所，建于乾隆十六年（1751）。东宫规模宏大，有前殿、清音阁、福寿园、勤政殿、卷阿胜境殿等建筑，可惜 1945 年失火焚毁。清音阁是三层楼的大戏台，面阔 3 间，进深 3 间，内设天井、地井及转轴、升降等舞台设施，可使演员从天而降，水从台下喷出。清音阁两侧为扮戏房，正北是二层的福寿阁，顶层设皇太后、皇帝和后妃看戏座席。福寿阁北面的勤政殿，是皇帝处理朝政的别殿。殿面阔 5 间，进深 2 间，殿内面南悬"正大光明"匾，面北悬"高明博厚"匾。东宫的最后一进为卷阿胜境殿，面阔 5 间，北有抱厦三间，乾隆常在此赏赐王公大臣茶点，陪太后进膳。

（二）苑景区

苑景区分为湖泊区、平原区、山岳区，三者成鼎足而三的布列。

湖泊区在宫殿区以北，湖岸曲折，楼阁相间，由洲、岛、桥、堤将29万平方米水面分隔成形式各异、意趣不同的湖面，有镜湖、银湖、澄湖、如意湖、西湖、长湖等，总称塞湖。每个湖区之间均以长堤桥梁连接，形成一个既各具特色又相互联系的景观整体。建筑布局则与湖区的开合聚散、洲岛桥堤和花草树木的障隔通透恰当地结合起来，因地制宜设置景点，构成一幅幅优美秀丽的画面。在较大的洲岛，如月色江声、如意洲上布置较封闭的四合院，形成独立而完整的建筑空间，作为皇帝宴饮和会客之处。较小的岛屿则结合地势布置楼阁，如金山、烟雨楼等，既是独立的建筑景观，又是景点的中心画面，具有画龙点睛的作用。湖泊区最突出的景点是水心榭。它原是山庄东南宫墙的出水闸，康熙四十八年（1709）开凿银湖、镜湖后，水闸便位于湖心，遂在闸上建石桥，桥上设三座亭榭。南北两榭为重檐四角攒尖顶，中间为重檐卷棚歇

| 烟雨楼 |

山顶，建筑比例匀称，造型优美，倒影垂波，秀丽如画，堪称实用与审美相结合的典范。湖泊区许多景点均模仿江南名胜修建，如金山仿镇江金山寺，烟雨楼仿嘉兴南湖烟雨楼，文园狮子林仿苏州狮子林，沧浪屿仿苏州沧浪亭等。江南园林胜景汇集于此，使山庄充满浓郁的江南水乡风味。

平原区位于湖泊区以北，建筑物大多沿山麓设置，以显示平原之开旷。如意湖北岸建有四座形式各异的亭子，即甫田丛樾、濠濮间想、莺啭乔木、水流云在，将湖泊区与平原区隔开。著名的万树园、试马埭、文津阁、永佑寺就坐落在这里。万树园原为蒙古牧马场，乾隆时在此设蒙古包，宴请蒙古族王公贵族。试马埭是摔跤表演和赛马之处。万树园北，原有澄观斋、宿云檐等建筑，是文人们编纂、校理书籍的地方。西侧山脚下的文津阁是仿宁波天一阁建造的，为清代七大藏书楼之一，曾珍藏《四库全书》和《古今图书集成》。万树园东北的永佑寺，是一座布局严整的大型佛寺，也是平原区规模最大的一组建筑。主殿名宝轮殿，面阔 5 间，内供三世佛。寺内有一座高 65 米的舍利塔，为园内最高的建筑物，挺拔俊秀，轮廓清晰，在空旷的平原区格外引人注目。

山岳区位于山庄西北部，占全园总面积的百分之八十，山峦起伏，沟壑纵横，风景清幽。景区内依山就势构筑 40 余处楼、亭、庙、舍，布局自由灵活，不拘一格，有力地突出了山庄天然野趣的主调。其中，有悬谷安景的青枫绿屿，据峰为堂的秀起堂，山怀建轩的山近轩，最重要的建筑景观则是高耸在峰顶的四座亭子——南山积雪、北枕双峰、四面云天、锤峰落照。这四亭居高临下，是观赏山庄全景的最佳景点。登亭远眺，磬锤峰、蛤蟆石、天桥山、鸡冠山、金山、黑山等园内外景点，以及金碧辉煌的须弥福寿之庙、普陀宗乘之庙等建筑群，历历在目，一览无余。

避暑山庄的建筑充分利用自然条件，随山依水进行经营，形成自然景观与建筑景观的完美结合。整座山庄没有宏伟的建筑，没有绚丽的色彩，也没有富丽堂皇的装饰和陈设，完全以充分表现自然景色而取胜。这在中国皇家园林中可谓独树一帜。

七、颐和园

颐和园的前身是清漪园，由万寿山和昆明湖构成山水主体，占地2.9平方千米，其中昆明湖水域占四分之三，以万寿山为主的陆地占四分之一。辽代以前，万寿山只是高梁河畔的一座小山。金海陵王迁都燕京后，在此建造金山行宫。金章宗完颜璟又将玉泉诸水引至金山脚下，取名金水池，此即昆明湖的前身。相传元代有一老人在金山挖出一个刻有花纹的石瓮，故将金山改名瓮山。元至元二十九年（1292）为接济漕运用水需要，都水监郭守敬督开通惠河，将昌平一带泉水引至瓮山脚下，再流入城内积水潭。于是，金水池成为元大都城内宫廷用水的蓄水库，先后易名为瓮山泊和大泊湖，俗称西湖或西海子。此后，又将所挖西湖之土运上瓮山，使瓮山更高，西湖更大，从而成为山高水阔的风景胜地。明弘治七年（1494），明孝宗为其乳母助圣夫人罗氏祈福，在瓮山修建圆静寺。正德年间（1506—1521），明武宗在湖滨筑好山园行宫。清乾隆十五年（1750），乾隆为庆祝其母60寿辰，在圆静寺旧址建大报恩延寿寺，将瓮山改称万寿山，并在山前山后及湖中堤岛兴建大量建筑。此后，乾隆又以兴水利、练水军为名，筑堤围地，扩展湖面。因当年汉武帝为征讨昆明，曾在长安挖昆明池以练水兵，乾隆特仿效其意，将大泊湖改称昆明湖。至乾隆二十九年（1764），历时15年，耗银448万两，终于建成一座依山傍水、风景优美的大型皇家园林——清漪园。咸丰十年（1860），英法联军入侵北京，清漪园毁于一炬，仅铜亭、智慧海、多宝琉璃塔等耐火建筑幸存。光绪十四年（1888），慈禧太后挪用海军经费3 600余万两白银重建，供其"颐养太和"，改名为颐和园。光绪二十六年（1900），颐和园又遭八国联军的疯狂掠夺和毁坏。光绪二十九年（1903），慈禧太后下令修复，并增建许多建筑。

颐和园按建筑布局和使用功能，可分为宫廷区、万寿山、昆明湖三大景区。

（一）宫廷区

颐和园既是大型皇家园林，可供游憩观赏，也是慈禧太后上朝理政之处，兼有宫和苑的双重功能。因此，在东宫门内建置一个宫廷区作为接见大臣、处理朝政的地方。宫廷区以仁寿殿一组为政务区；以玉澜堂、乐寿堂一组为生活区；以德和园、谐趣园为娱乐区。

仁寿殿是宫廷区的主要殿堂，原名勤政殿，建于乾隆十五年。光绪二十九年重建后，取《论语》中"仁者寿"的语意，改称仁寿殿。殿东向，面阔7间，进深4间，卷棚灰瓦歇山顶，周围有廊。殿内两侧有暖阁，正中是高出地面约0.5米的地平床，床上设置宝座、御案、宫扇、围屏。殿前露台上陈列铜龙、铜凤、铜鼎、铜缸，院中有一只从圆明园废墟上移来的铜麒麟。殿南北两侧建有配殿。殿前的仁寿门是一座二柱一楼牌坊式门楼，两侧有带须弥座的砖砌照壁。仁寿门外两组对称的建筑，称为南北九卿房，是九卿六部的值房。这些建筑尽管布局严谨，气势威严，但面积较少，未用黄琉璃瓦，以示行宫与宫殿的区别。

生活区是个庞大的建筑群，包括玉澜堂、宜芸馆、乐寿堂等殿堂。

| 颐和园仁寿殿 |

玉澜堂是一座大型四合院，位于仁寿殿后面，曾是光绪的寝宫。正殿名玉澜堂，面阔5间，前面出轩三间，后面出厦。两侧建有配殿，东为霞芬室，西为蕴香榭。光绪二十四年（1898）戊戌变法失败后，慈禧把光绪囚禁在此，并命人将玉澜堂的通道用砖墙堵死。宜芸馆在玉澜堂北，光绪时是隆裕皇后居处，亦为四合院建筑。乐寿堂是园内生活区的主体建筑，为慈禧的寝宫。始建于乾隆十五年，初为两层建筑，咸丰十年被英法联军焚毁后，光绪十三年（1887）重建。正门名水木自亲，是一座临湖而建的五间穿堂殿。门外有一座石雕栏码头，是慈禧由水路到颐和园下船的地方。正殿乐寿堂面阔7间，前面出轩5间，后面出厦3间。堂前庭院内有一块巨石，名青芝岫。石长8米，宽2米，高4米，色泽青润，横卧在雕刻精美的海浪纹青石座上。院内栽种玉兰、海棠、牡丹等名贵花木，象征玉堂富贵；设置铜鹿、铜鹤、铜瓶等6种物件，寓意六合太平。堂西是一座新颖别致的小院——扬仁风。院内有满月形洞门、凹形荷池、依山婉转的粉墙，北端山坡上有一组扇面形建筑，殿前平台用汉白玉砌成扇骨形，俨如一柄打开的折扇。

仁寿殿北面的德和园，原名怡春堂。光绪十七年（1891）在其旧址复建一个以大戏楼为主的建筑群，改称德和园。大戏楼坐南向北，前台三层，后台二层，卷棚歇山顶，高21米，底层舞台宽17米。顶层天花板上开有七个天井，底层地板上设置五个地井，可以表演升天、下凡、入地等情节的剧目。大戏楼对面的颐乐殿，是慈禧看戏的地方。殿内摆设慈禧看戏的宝座，座侧陈列各种精美的工艺品，尤以一套玉石镶嵌的四季花鸟大插瓶最为珍贵。德和园与紫禁城的畅音阁、避暑山庄的清音阁合称清廷三大戏台，而以德和园规模最为宏大。

园内东北角的谐趣园，是仿无锡寄畅园建造的一座小巧玲珑的园中之园。全园以荷池为中心，环池建有知春亭、引镜轩、洗秋厅、饮绿亭、知春堂、兰亭、湛清轩、涵远堂、瞩新楼、澄爽斋等13座楼台堂榭，并用百间迂回曲折的游廊互相衔接，布局精巧，环境清幽。北岸的涵远堂是园内主体建筑，面阔5间，进深2间，卷棚歇山顶。堂西有瞩新楼、澄爽斋相配，堂东有知春堂、湛清轩相衬，堂前的荷花池碧波荡漾，映出涵远堂清晰的倒影。园西北有仿无锡寄畅园八音涧建成的玉琴峡，从后湖引来流水，沿山石叠落而下，注于池中。流水潺潺而下，叮咚作响，使人仿佛置身于峡谷之中，感到满目清凉，心旷神怡。园中点缀的青松、修竹、垂柳、梨花，散置的叠石、假山，与精巧别致的建筑相呼应，充满江南园林的诗情画意。

（二）万寿山

万寿山前山濒昆明湖，是山水开面处，面积虽不大，却集中全园建筑之精华，成为最引人注目的建筑群。从湖岸的云辉玉宇牌楼往北，依次为排云门、二宫门、排云殿、德辉殿、佛香阁、智慧海，依山重叠，层层而上，构成一条纵贯前山南北的中轴线。沿中轴线两侧对称布置亭阁轩殿，东有转轮藏、慈福楼，西有罗汉堂、宝云阁，分别构成两条次轴线。在其周围又有许多附属建筑，如众星拱月般形成以佛香阁为主体的宏伟建筑群，金碧辉煌，雄伟壮观，呈现华丽的皇家气派。

| 颐和园万寿山 |

排云殿是万寿山前山最宏伟的一组建筑群。此处原为明代圆静寺旧址，清漪园时为大报恩延寿寺内的大雄宝殿。咸丰十年被英法联军烧毁后，光绪十三年重建，改称排云殿，成为慈禧祝寿的地方。"排云"二字，出自晋郭璞《游仙诗》中"神仙排云出，但见金银台"句，以示慈禧自比神仙，祈求长生不老之意。排云殿依山筑室，步步登高，为全园最富丽堂皇的建筑。殿前的排云门，面阔5间，雕梁画栋，精美华丽。门前耸立高大的"云辉玉宇"牌楼，两旁设置一对铜狮和12块太湖石，均为畅春园遗物。12块太湖石酷似十二生肖，分列在牌楼左右，成为牌楼的衬托物。排云殿建在石砌月台上，面阔5间，重檐歇山顶，覆黄琉璃瓦，内殿横列复道相连，共21间。殿两侧的东西配殿，是收放寿礼之处。两配殿有爬山廊，通后院耳房及德辉殿。排云殿各组建筑间均以游廊相连，并用黄琉璃瓦盖顶，具有皇家建筑的华丽气派。

雄踞在万寿山前山中央的佛香阁，是全园的中心和制高点。乾隆十五年建大报恩延寿寺时，原准备在此修建一座九层的延寿塔，建到第八层后奉旨停修，改建为佛香阁。佛香阁建在高21米的石砌台基上，通高41米，是一座八面三层四重檐攒尖顶塔形建筑。阁内各层均有廊，以8根大型铁梨木柱子直通顶部，顶为黄琉璃筒瓦绿剪边。佛香阁壮丽辉煌，气势宏伟，是颐和园的主要景观。山上湖岸的亭台楼阁、殿堂馆榭，如众星拱月般转动在它的环顾之下。它那繁复多彩的结构，巍峨壮观的身姿，金碧辉煌的色彩，充分显示皇家建筑的气势和风格。

万寿山顶的智慧海，是一座两层宗教建筑，取佛教颂扬佛的智慧如海之意。整座建筑不施寸木，全部用砖石发券砌成，俗称无梁殿。殿的外形为仿木结构，用五色琉璃砖瓦装饰，墙壁上镶嵌千余座琉璃佛像。殿内供奉高大的观音坐像。殿前有一座五彩琉璃牌坊，称众香界。咸丰十年，殿内木制佛像被英法联军焚毁，壁上的琉璃佛像亦遭毁坏。

佛香阁东西两侧的转轮藏和宝云阁，是左右对称的宗教建筑。转轮藏仿杭州法云寺藏经阁建造，由一座正殿和连廊相接的两座配亭组成，是帝后礼佛诵经之处。宝云阁是一座仿木结构的铜铸佛殿，因其形状似亭，全用铜铸造，故俗称铜亭。宝云阁平面呈正方形，面阔3间，重檐歇山顶，高7.55米，重207吨。其梁、柱、斗拱、橼、瓦、宝塔乃至匾额、对联，都与木构一样，通体呈蟹青冷古铜色。宝云阁造型精美，工艺复杂，结构严谨，反映了中国古代铜冶炼铸造技术的高度水平。

万寿山前山还因形就势，建造许多堂斋楼阁，如东部有自在庄、含新亭、养云轩、意迟云在、写秋轩、重翠亭、景福阁、介寿堂、圆朗斋等，西部有邵窝、石丈亭、清华轩、听鹂馆、寄澜堂、画中游、清宴舫等。值得称道的是，山前长728米、共273间的长廊，犹如一条织锦彩带，把这些精美的建筑连缀起来，与远山近水融为一体。长廊东起乐寿堂邀月门，西至石丈亭，中间分布着留佳、寄澜、秋水、逍遥四座重檐八角攒尖亭。长廊的地基和廊身，随山前地势的高低而起伏，沿湖岸的弯曲而转折。漫步廊中，廊外的湖光山色、亭台楼阁犹如一幅幅连续的动观画面掠眼而过，令人目不暇接；而遍布廊内梁枋上成千上万幅山水、花鸟、人物彩画，更吸引游人驻足玩味。

万寿山后山古木参天，河水潺潺，环境清幽雅致，富有山林野趣，与前山空间的开朗旷远形成鲜明对比。清漪园时期，后山分布许多建筑，规模甚为壮观。从北宫门经后湖上的三孔石桥，在后山中轴线上仿西藏三摩耶式寺庙，建有松堂、须弥灵境、香岩宗印之阁、四大部洲等藏传佛教建筑。中轴线两侧铺以高低错落、精巧玲珑的小型建筑，如益寿堂、赅春园、多宝琉璃塔等。香岩宗印之阁为后山主体建筑，是一组典型的藏传佛教寺庙。在其周围，建有四大部洲和八小部洲，并有红、绿、黑、白四座藏传佛塔。在四大部洲和八小部洲之间，有两座凹凸不同的台殿，分别为月台和日台。这些建筑依山而建，色彩艳丽，气势宏伟，为后山增添庄严而肃穆的气氛。

（三）昆明湖

烟波浩渺的昆明湖，承袭中国古代皇家园林一池三山的布局方式，在湖中堆成南湖岛、冶镜阁和藻鉴堂三座岛屿，岛上修建各种形式的建筑，以追求"海上仙山"的意境。

　　南湖岛又称蓬莱岛，面积约1万平方米，是昆明湖最大的岛屿。岛上有明代建造的龙王庙。乾隆年间开拓湖区时，保留并修葺了龙王庙，改称广润灵雨祠，使之成为一座湖岛。岛上建筑除龙王庙外，还有涵虚堂、鉴远堂、澹会轩、月波楼、云香阁等。涵虚堂是岛上的主体建筑，原为清漪园时一座仿武昌黄鹤楼建的三层楼阁，名望蟾阁，光绪十六年（1890）重建后改为卷棚歇山顶殿，南有露台，围以雕栏。南湖岛与东堤之间有十七孔桥相连。十七孔桥是园内最大的一座石桥，建于乾隆年间。桥长150米，宽8米，桥身由17个发券孔组成，状若长虹卧波。桥栏望柱共62对，上面雕刻神态各异的大小石狮544个。桥的两端设有四只石雕异兽，造型生动，形象威猛。南湖岛隔水与万寿山遥相呼应，构成对景，使湖面景物更加丰富多彩。

　　昆明湖西堤是一个湖中之堤，纵贯南北，沿岸广植垂柳天桃，为昆明湖景色增添异彩。西堤是乾隆年间仿杭州西湖苏堤修筑的，全长2.5千米。沿堤建造六座形式各异的桥，由南向北依次为柳桥、练桥、镜桥、玉带桥、豳风桥、界湖桥。这些桥梁造型优美，掩映在垂柳之中，显得秀丽多姿，景色宜人。其中，最引人注目的是玉带桥。这是一座单孔拱券石桥，桥拱高而薄，形如玉带，桥身用汉白玉和青白石砌筑而成，桥栏望柱上雕刻精美的仙鹤。堪称奇景的是，半圆形桥洞倒映在水中，宛如皓月当空，令人赞叹不已。

昆明湖东堤北起文昌阁，南至绣漪桥，沿堤建筑有文昌阁、绣漪桥、廊如亭等，文昌阁西北湖中有知春亭。文昌阁为三层楼阁式建筑，中层供奉文昌像。在廊如亭的北面，有一只蜷卧在堤岸的铜牛。铜牛造型精美，栩栩如生，背上铸有篆文《金牛铭》，记述铸放铜牛的缘由。站在东堤向西望去，只见远处的玉泉山和西山群峰重峦叠嶂，绵延起伏，玉泉山顶的玉峰塔倒影于昆明湖中，湖光山色交相辉映，内外景色融为一体，使颐和园的景观空间十分开阔，不愧为古典园林借景的典范。

第二节
私家园林

>>>

私家园林发展到清代，以其精湛的造园技巧、浓郁的诗情画意和高雅的艺术格调，成为中国古代园林史上的最后一个高峰。有清一代，私家园林遍及全国，尤以北京园林、江南园林和岭南园林最具地方特色。北京是全国的政治中心，江南是全国的经济中心，这两个地区私家园林的数量和质量都居于全国首位。与江南私家园林的园主多为官运不济的士大夫和落魄文人不同，北京私家园林的园主大多为皇亲国戚、达官显宦，因此，兴建王府花园是北京私家园林建设的显著特点。王府花园的规模比一般宅园宏大堂皇，具有更多的华靡色彩，从总体布局到叠山理水、建筑形式，甚至内部装饰，都模仿皇家园林，力图显示皇家气派。

江南私家园林主要集中在经济繁荣、文化发达的苏州和扬州。现存著名的私家园林，如苏州拙政园、留园、怡园、网师园、环秀山庄，扬州瘦西湖、寄啸山庄、个园、小盘谷等，或为清代改建，或为清代创建。岭南地区自清中叶后，随着经济的迅速发展，造园之风日渐兴盛，主要代表为顺德清晖园、东莞可园、番禺余荫山房、佛山梁园，号称"四大名园"。

一、江南园林

江南地区气候温和，雨量充沛，物产丰富，景色秀丽，为造园提供了优越的自然条件，因而历史上名园迭出。明中叶兴起的造园高潮，使江南私家园林得到空前发展，涌现出拙政园、归田园居、影园、寄畅园、豫园等一批风格各异的名园。清代，康熙、乾隆多次南巡，地方绅商竞相争地造园，以期得到御赏，再次形成新的造园高潮。在扬州，沿瘦西湖至平山堂，私家宅园多达百余处，出现"楼台画舫十里不断"的繁荣景象，就连衙署、会馆、寺庵、酒楼、茶肆，也都叠石引水，栽植花木，蔚为成风。同治以后，随着江南经济中心转移到苏州，许多官僚、商贾纷纷涌入苏州购置田宅、营建园林，使苏州园林获得迅速发展，造园艺术也达到登峰造极的地步。此外，杭州、南京、海宁、常熟等地，亦有许多著名的私园，如南京随园、海宁安澜园、杭州春草园等。

江南园林是一种既有实用居住功能，又有多种文化内涵的综合体。园主们希望居住环境幽静雅致，身居城市而有山水林泉之趣，在自然山水间得到情趣陶冶。因此，江南园林大多采取自然山水园的形式，在园中凿池堆山，莳花栽树，并结合各种建筑的布局经营，因势随形，将山石池水、亭台楼阁、墙垣曲廊等巧妙地安排在有限的园林空间，创造一种可游、可观、可居的"咫尺山林"，给人以小中见大、丰富多彩的景观感受。园内常用墙垣、漏窗、假山、树木等划分为若干景区，各景区有不同的风景主题和特色，既相对独立又彼此贯通，达到多样统一的艺术效果。园中水池有聚有分，聚则水面弥漫，分则萦回纡曲，并常以小桥、飞廊、山石等将水面分隔，构成宁静深远的意境。园林建筑的形式玲珑轻盈，造型变化多端，亭台、楼阁、廊桥、舫榭等既是观赏对象，又是赏景路线。灰砖青瓦、白粉墙垣、走廊亭台、漏窗洞门与山石花木相互结合，创造素雅恬淡、诗情画意的园林景观。

（一）瘦西湖

扬州是一座著名的文化古城，早在隋唐时期已有官僚富商沿湖造园。乾隆年间，为迎接乾隆南巡，扬州绅商争相邀宠，大兴土木，在连绵十里的瘦西湖两岸构筑园林百余处，使扬州园林达到鼎盛阶段。扬州地处江淮之间，南北文人、工匠的相互交流，使扬州园林兼收并蓄，融南方之秀与北方之雄于一体。特别是扬州利用优越的水陆交通条件，使园林环境自然山水化，比苏州园林的"咫尺山林"显得更加宽敞。瘦西湖就是利用沿湖水面及蜀冈起伏的山岭之势形成的集锦式园林群。

瘦西湖原名保障河，是蜀冈通向运河的自然河道，六朝以来即为著名的风景胜地。乾隆年间，沿湖所建楼阁亭台连绵不断，规模之大，景点之多，为中国造园史所罕见。清李斗《扬州画舫录》称："杭州以湖山胜，苏州以市肆胜，扬州以园亭胜。"清代钱塘（今杭州）诗人汪沆

瘦西湖

将杭州西湖与之相比较，并赋诗云："垂杨不断接残芜，雁齿虹桥俨画图，也是销金一锅子，故应唤作瘦西湖。"此后，瘦西湖之名便通行于世。瘦西湖建筑依山临水，因地制宜，形成许多各具特色的建筑景观，尤以虹桥、桃花坞、小金山、钓鱼台、凫庄、五亭桥、莲性寺白塔、水云胜概、四桥烟雨等最为著称。

虹桥是横跨瘦西湖上的一座白石栏杆圆拱形石桥。始建于明末，原为木桥，因桥上围以红色栏杆，故称红桥。乾隆元年（1736）改建为拱形石桥，十六年（1751）在桥上修建桥亭，其形状如长虹卧波，因而改称虹桥。此桥是瘦西湖上的一座重要桥梁，桥西为文人雅士饮酒赋诗的冶春园，桥东南有著名的水景胜地西园曲水。康熙元年（1662），扬州推官王士禛等人曾在此举行修禊活动。乾隆二十二年（1757），两淮盐运使卢雅雨在虹桥修禊赋诗，作七言律诗四首，依韵和之者多达 7000余人，编成一部 300 多卷的诗集。乾隆年间，虹桥一带也是市会的主要活动区域，人来船往，热闹非凡。

小金山位于瘦西湖的中心地带，是一座四面环水的岛屿。岛上土丘为人工堆筑，高不过数丈，但山路蜿蜒，势颇幽深。小金山西麓有湖山草堂、绿荫馆、玉佛洞、钓鱼台，东麓有桂花厅、月观，南麓有琴室、金鱼池、疏峰馆、听鹂馆、吟榭，北面架设八龙桥，与彼岸贯通。山上遍植古柏、翠竹、春梅，山顶建有风亭，凭栏远眺，瘦西湖景色尽收眼底。

瘦西湖的园林建筑，最宏伟壮丽者为五亭桥和白塔。五亭桥建于乾隆二十二年，是通往观音山、平山堂的必经之地。桥身用青条石砌筑，长 30 多米，宽 9 米许。桥上建有五座琉璃攒尖顶方亭，正中主亭体积加高做重檐，其余四亭南北各二，相互对称，拱卫主亭。五亭皆黄瓦盖顶，青瓦筑脊，翘角飞檐，典雅瑰丽，造型别致，是中国古代桥梁中独具特色的杰作。五亭桥对面的白塔，是莲性寺的著名建筑。白塔建于乾隆四十九年（1784），仿北京北海白塔形制建造。塔高 30 余米，塔下筑长方形高台，四周围绕汉白玉护栏，西南两侧有梯道可至台顶。塔分三层，下层为正方形砖石雕花须弥座，中层为圆形龛室，上层为圆形塔刹，上置青铜鎏金顶。白塔比例匀称，造型优美，与横卧波中的五亭桥交相

瘦西湖小金山

辉映，构成瘦西湖的最佳景色，如今已成为扬州城和瘦西湖的标志。

著名园林学家陈从周曾高度评价瘦西湖的造园艺术。他在《瘦西湖漫谈》一文中云："瘦西湖是扬州的风景区，它利用自然的地形，加以人工的整理，由很多小园形成一个整体，其中有分有合，有主有宾，互相'因借'，虽范围不大，而景物无穷。尤其在模仿他处能不落因袭，处处显示自己面貌，在我国古典园林中别具一格。由此可见，造园虽有法而无式，但能掌握'因地制宜'与'借景'等原则，那么高冈低坡、山亭水榭，都可随宜安排，有法度可循，使风花雪月长驻容颜。"①

（二）个园

位于扬州东关街的个园，是清嘉庆二十三年（1818）盐商黄应泰修建的私园。园中植竹数千竿，竹叶形状恰似"个"字，故名个园。园内建筑不多，仅有桂花厅、长廊、六角亭、七间楼、透风漏月厅等，然

———————————

① 陈从周《中国园林》，广东旅游出版社，1996年版，第148页。

而，却以叠石的立意精巧而著称。

个园的最大特色，是运用分峰用石的方法，以石斗奇，叠成象征四季景色的四季假山。

园门两侧的花坛遍植修竹，竹间散置参差的峰石，恰如一幅以粉墙为纸，竹石为绘的生动画面。以竖纹取胜的峰石配以迎风摇曳的翠竹，竹石相互衬托，象征着雨后春笋。竹后的花墙正中设一月洞门，门上题额"个园"两字，颇为贴切地点出竹石图的主题。进月洞门绕过春景，即达园内正厅——桂花厅。厅南栽植桂丛，厅北开凿水池，池北面沿个园北墙建主楼——七间楼，登楼可俯瞰全园景色。七间楼西是一座以湖石叠成的玲珑剔透的假山。湖石山临池而建，山上秀木繁茂，有松如盖；山下流水淙淙，跨水池有曲梁引水入涧谷，显得幽深莫测。这座堆叠得高达 6 米的假山，灰白色的太湖石表层在阳光的照射下，明暗强烈，阴影变化无穷，有如夏日行云，故称夏山。七间楼东是一座以黄石堆叠的气势磅礴的假山。黄石山高约 7 米，环园半周，约 60 米。山势刚劲挺拔，峰谷险峻，颇具雄伟气魄。全山分三峰处理，主峰居中，两侧峰成朝揖之势。山上叠石极为精巧，有峰有麓，有壁有崖，有洞有屋，有涧

有谷，磴道盘旋，山路崎岖，极尽变化之能事。山巅为全园制高点，登高北望，绿杨城郭、瘦西湖、平山堂及蜀冈景色，历历在目。黄石山的正面朝西，每当夕阳西下，一抹红霞映照黄石丹枫，使山体呈现醒目的金秋色彩，故名秋山。从黄石山东峰而下，有一小厅，名透风漏月厅。厅南围墙下，有一座以圆浑的白色雪石（宣石）堆叠的假山。这座被称为冬山的假山，远望如白雪皑皑，近观若残雪未融，颇具北方山岭的雄浑之势。更为绝妙的是，山南围墙上横向开有四排圆孔，利用墙外高墙狭巷间的气流变化，形成北风呼啸的声响效果，以增强冬山的意境。冬山与园门的春山仅一墙之隔，墙上开设的圆洞漏窗，使隔墙翠竹石笋的春景依稀可见。就这样，冬、春两景既截然分隔又巧妙地互相因借，使人身在冬山，心却飞向那春意盎然的秀丽景色。

　　个园分别以峰石、湖石、黄石、宣石等石料，组成象征四季景色的四座假山，来表现古人所说"真山水之烟岚，四时不同：春山淡冶而如笑，夏山苍翠而如滴，秋山明净而如妆，冬山惨淡而如睡"①的诗情画

---

① ［宋］郭熙《林泉高致》，见《中国美学史资料选编》下册，中华书局，1981年版，第 13 页。

意。不仅如此，更为巧妙的是，一条循环状曲折变化的观赏路线将四季假山联为一个整体，春、夏、秋、冬景色周而复始，好似经历着四季气候的循环变化。由此可见，高超的叠石技艺，使个园在中国古典园林中独具特色，令人瞩目。

（三）寄啸山庄

寄啸山庄在扬州徐凝门街花园巷内，是光绪年间道台何芷舠（dāo，小船，形状如刀）在双槐园旧址上扩建的宅园，故俗称何园，它是清代扬州园林的后期代表作。何园虽筑于平地，却通过嶙峋峰峦、盘山石磴、幽洞峭壁、浅水高亭的对比烘托，以及置建筑群于山麓陂泽的手法，使人如同置身于山环水抱的山林野境，故取名山庄。

全园分东西两部分，中有游廊相连。东部以四面船厅为主景。厅南廊柱上，悬有"月作主人梅作客，花为四壁船为家"的木刻对联。厅前以白鹅卵石间以碎瓦铺地，纹似水波粼粼，别具情趣。东、北两面沿墙叠砌假山，水绕山行。院东北山巅建一座小亭。园西部开阔疏朗，正中

扬州何园

设水池，环池建楼厅、筑假山、置庭院，形成园林空间。池北有主楼七楹，因正堂三间突出，两侧楼平舒伸展，形状如蝴蝶，故称为蝴蝶厅。池东临岸建水心亭，亭南有曲桥与平台相连，四周绕以回廊。水心亭枕流环楼，兼作戏台，利用水面的回音增加音响效果，并以回廊为观戏看台。这种巧妙利用立体空间的佳作，可谓匠心独运。西南部池中突起一座湖石假山，拔地峥嵘，向北延伸，随山势起伏设置牡丹台、芍药台。池西湖石假山，峰峦嶙峋，后有桂花厅三楹，周围古木掩映，清幽雅静。这种以水石衬托建筑，池边建楼厅、山间阁道的设计，使假山池水与厅堂楼阁、复道曲廊相映成趣，虚实互见，拓展了园林空间。

（四）小盘古

小盘古位于扬州城南丁家湾，是一座以假山幽谷取胜的小型园林。光绪二十年（1894），两江总督周馥购徐氏旧园，重建而成。因园内假山岩壁险峻，曲径隐现通幽，溪谷深曲莫测，而得名小盘古。

园在住宅东部。园门上嵌有清书画家陈鸿寿书"小盘古"石额。步入园门，面前是一座临池倚墙的湖石假山。山北有花厅三间，厅后为一宽阔的水池。厅后廊临池，有一水阁与廊连接。花厅、游廊、水阁与隔岸的山石、树木相映成趣，组成一个有机的整体。沿假山东北角的石悬蹬道，拾级而上，可达山顶。山上洞室曲折多变，洞壁上镌刻"水云深处"四字。山巅建一亭，名风亭，坐亭中可眺望全园景色。园中湖石假山名九狮图山，峰高9米，峰峦险峻，气魄雄浑，为扬州园林叠山的上乘之作。

小盘古虽无复道崇楼，面积也不大，但园内布局协调紧凑，山峦、石壁、洞室的叠石技艺高超，廊、厅、阁等建筑因地制宜，花墙间隔灵活，园景变化多端，充分体现扬州园林以小见大的艺术特色。

（五）留园

位于苏州阊门外的留园，是清代江南园林的代表作。它原是明嘉靖年间太仆寺卿徐时泰的东园，清嘉庆年间为观察使刘蓉峰所有，经过修葺，改称寒碧山庄。因主人姓刘，俗称刘园。光绪初年盛康购买此园后，向东、西、北面扩建，并取原名"刘"字谐音，引"长留天地间"之意，更名为留园。

留园占地50余亩，分为中、东、北、西四大景区。其中，中区是寒碧山庄的原有基础，以山水景色为主，环水叠山，临池置景，峰峦回抱，幽静清雅；东区为建筑庭园，曲院回廊，重楼叠阁，显得富丽堂皇；西区是土阜枫林，充满山村野趣；北区为山溪桃坞，颇具田园风光。四景区建筑大部分以曲廊相连，廊总长700多米，随形而变，蜿蜒相续，使园内景观丰富多彩，变幻无穷。

中区是全园的精华所在，其序列布局颇具匠心。一进留园大门，是个比较宽敞的前厅。自右侧沿曲折多变的长廊和天井北行，直到古木交柯，才算真正入园。这段通道虽然窄长曲折，但匠师们巧妙地采用空间大小和光线明暗的对比手法，构成丰富多变的空间组合，以此来打破长廊的沉闷之感。古木交柯的北墙是一排漏窗。透过窗花，园中山池亭台若隐若现。古木交柯是留园重要的交通枢纽，往北经曲溪楼进入东区，往西经绿荫轩到明瑟楼、涵碧山房进入中区。

明瑟楼倚靠在涵碧山房的东山墙上，一侧翼角凌空，形成似舫非舫的独特造型。涵碧山房是中区的主厅，建筑高爽，陈设雅致，厅前有宽大平台，隔水池面对假山和可亭。临池的假山是用黄石堆筑的土石山，山上桂树丛生，古木参天，山径蜿蜒起伏，人行其中犹如置身山野。山上正北角有六角形的可亭，登亭可俯瞰全园景色。池中的小蓬莱岛及与其相连的两座桥，将池水分隔成两部分。然而，岛的休量过大，位置过于居中，就使原本不大的水面显得更为狭窄，实为留园布局的一大败笔。水池东岸有曲溪楼、西楼和清风池馆，形成一组高低错落、虚实相间的建筑群。曲溪楼高二层，平面长 10 米，宽 3 米，是一座狭长的单檐歇山式建筑。此楼虽然瘦长，但两端均有更窄长的空间与之形成对比，且出入口都偏西，使室内有停留回旋的余地，入楼后并无穿行过道的狭长感。清风池馆临池而建，不设门窗，以水榭形式向西敞开，与对岸的闻木樨香轩构成对景。

东区以厅堂轩斋为主，主厅堂有五峰仙馆和林泉耆硕之馆，其间穿插联结以庭院数区。五峰仙馆是留园最大的一座建筑，其梁柱皆为楠木，故又称楠木厅。厅内高敞华丽，布置精美的楠木桌椅和字画陈设。厅南庭院中矗立着苏州园林中规模最大的一处湖石厅山。五峰仙馆周围有书馆——还我读书处，以及揖峰轩、汲古得绠处、西楼、鹤所等精巧的建筑和庭院，衬托着主厅堂的高大宽敞。五峰仙馆东侧的林泉耆硕之馆，是留园室内装修最精美的厅堂。馆面阔 5 间，以中间的木雕——月宫门洞屏风为界，分为南北两室。两室的结构和装修风格各异，一雕梁画栋，一古朴典雅，故有鸳鸯厅之称。馆北的庭院中耸立着著名的留园三峰：冠云峰雄峙居中，瑞云峰、岫云峰屏立两侧。冠云峰是一块高5.6 米，上大下小的直立峰石，为苏州诸园湖石峰最高者。峰前凿水池浣云沼，以水衬峰，更显峭拔挺立。峰北有高二层的冠云楼，登楼可远眺虎丘，实为借景之范例。

北区以田园风光取胜。进门后，原有茅堂三楹，称为又一邨。四周有豆棚瓜架，遍植桃杏，具有浓厚的乡村风味。

西区的土阜，是全园的最高处。山上有舒啸亭、至乐亭，可远眺虎丘、天平、上方诸山及西园等处风景。满山植青枫、银杏。每到秋季，枫叶与银杏红黄相映，色彩丰富，成为园内欣赏秋色的最佳景点。

在苏州古典园林中，留园不仅以规模宏大而著称，而且以厅堂建筑的布局奇巧，装修精美而久负盛名。五峰仙馆和林泉耆硕之馆，在苏州诸园的厅堂中首屈一指，堪称中国古典厅堂建筑的精品。楼阁中的明瑟楼、曲溪楼、冠云楼，亭榭中的绿荫轩、可亭、舒啸亭等，都以其优美的造型和独特的风格，成为园林建筑的佼佼者。

（六）网师园

网师园在苏州带城桥南阔家头巷，原为南宋史正志所建的万卷堂，时称渔隐，后荒废。清乾隆三十年（1765），光禄寺少卿宋宗元购得此地，重新建园，借"渔隐"的含意，改名为网师园。宋宗元死后，园渐颓圮。乾隆末年，嘉定人瞿远村购得园址，叠石种木，增建亭宇，遂成今日之规模。光绪十一年（1885），李鸿裔得到此园，又有所增补。

网师园的总体布局以正中的水池为中心，沿池布置花木、山石、亭榭、曲廊、楼阁、石桥。全园面积虽然只有 8 亩，却以布局紧凑，建筑

苏州网师园

精巧，空间尺寸严谨合理，处处构成佳景而著称，是苏州园林引水为胜境的代表作。

水池略呈方形，面积仅半亩，池的西北和东南角各有一小水湾，水由低矮的石桥下流过，颇有源头不尽之意。池中不植菱、荷，使池岸的山石竹树和临池而建的亭榭斋轩等建筑，全部倒映池中，空间顿觉开阔。水池周围的建筑，集中安排在南北两侧。南面的小山丛桂轩、蹈和馆、琴室等一组建筑，形成供居住宴饮的曲折庭院；北面的看松读画轩、集虚斋、五峰书屋、竹外一枝轩、射鸭廊等一组建筑，则是书房式的游息之处。

小山丛桂轩是网师园的主厅堂，为一四面厅，周围山石环绕，如同处于深山幽壑之中，十分雅静。轩南小院中叠湖石花台，台上种植桂花。轩北是一座气势险峻的黄石假山，名云岗，山上有蹬道洞穴，并种植桂花、玉兰。轩西沿曲廊可至蹈和馆和琴室，环境清幽，空间更为狭窄。轩西北的濯缨水阁，凌空架于水上，凭栏可观游鳞嬉戏及环池景物，自可心旷神怡。水崖高处的月到风来亭，是一座八角小亭，造型精巧玲珑，凭栏可观赏环池建筑景观，亦是中秋赏月的佳处。池北岸是建筑集中的景区。看松读画轩是北岸的主要建筑，它与南岸的濯缨水阁遥相呼应，构成对景。轩前有平桥、矶石和黄石花台，并有两株苍虬的古松，增加了北岸的景观层次。轩西是临水而建的竹外一枝轩。此轩四面空透开敞，南面洞开，北面设墙而邻小院，隔墙上开设洞窗和洞门，使水池、廊轩与小院的空间贯通一气。轩后入月洞门为集虚斋，是园主养性修身之处。轩东进庭院为五峰书屋，楼上称读画楼。水池西面的殿春簃，是一座恬静的庭园。这里原有芍药园，芍药花开在春末，故名殿春。主要建筑殿春簃是一座三间厅堂，旁置套室，坐北朝南。院南部有假山和涵碧泉，泉旁建冷泉亭。院内树木疏朗，石竹清雅，建筑精巧，实为理想的读书之处。1981 年 6 月，我国为美国纽约大都会博物馆建造的中国式庭院——明轩，即仿殿春簃而建。

（七）环秀山庄

环秀山庄位于苏州景德路，原为五代吴越广陵王钱元璙的金谷园故址，宋代为文学家朱长文的乐圃，后改为景德寺。清乾隆年间，刑部蒋

| 环秀山庄 |

楫在园中建求自楼，叠石为山，成为以假山造型奇巧而著称的名园。此后，相继为尚书毕沅和相国孙士毅的宅园。嘉庆十二年（1807），孙士毅请叠山大师戈裕良在书厅前叠假山一座，被称为"奇礓寿藤，奥如旷如"。道光二十九年（1849）成为汪氏宗祠的一部分，改称环秀山庄。

　　环秀山庄占地约3亩，假山、厅堂、庭院占全园的四分之三。园中假山为苏州诸园之冠，素有"独步江南""天然画本""尺幅千里"之誉。假山面积约半亩，以池东为主山，池西北为次山，一湾池水萦绕于两山之间，使山景充满勃勃生气。主山为整个山、池部分的构图中心，自园东北墙角以土坡起势，向西南逶迤奔注，至池边忽然断为悬崖峭壁，气势磅礴，蔚为壮观。主山分为前山和后山。前山全部用石叠成，外观为峰峦峭壁，内部则虚空为洞；后山临池以湖石为石壁，与前山之间形成涧谷。山的主峰置于西南隅，周围环以三座次峰，左右辅以峡谷，山涧之上用平板和石梁连接。主山以湖石构成的绝壁、峡谷、危崖、洞壑、石室、飞梁、曲磴等景观，使山势雄奇峭拔，体形灵活多姿，既宜远观，又可近赏，给人以山重水复、变化多端、步移景异的审美感受。次山在园西北隅，山石嶙峋，峰峦层叠，与主山一池相隔，相互呼应，令人如处真山野壑。园内主要建筑有补秋山房、问泉亭和半潭秋水一房山亭。补秋山房位于园北端，面阔 3 间，单檐硬山顶，前临山池，后依庭院，为园中幽静之所。补秋山房西南的问泉亭，是一座四面临水的方亭。亭北次山石壁下有一泉眼，名飞雪泉；亭南正对主山峡谷涧水，可谓山水环绕，左右逢源。由问泉亭西行，登边楼可俯瞰全园景色。

环秀山庄利用有限的面积，构成以假山为主、水池为辅的园林景观，山、池布局委婉曲折，主从分明，浑然一体，成为苏州园林中湖石假山的代表作。

二、北京园林

清代，北方的私家园林大多集中在北京。北京气候寒冷，没有江南那种得天独厚的自然条件，然而，北京私家园林多为皇亲国戚、达官显宦所有，这使北京园林具有与江南园林迥然相异的建筑风格。北京私家园林一般规模较大，园内的空间划分少而面积大；建筑物体形高大，装饰华靡，富丽堂皇；建筑布局多采用封闭的四合院并注重中轴对称，园林往往布置在主厅堂的后面或一侧；造园叠山以当地出产的北太湖石和青石为主，从而形成刚健雄浑的艺术风格。王府花园是北京私家园林的一个特殊类型。清代的王府一般都建附园，在北京城内即有王府花园几十处，著名的有郑王府园、礼王府园、恭王府园等。在泉水充沛、河渠纵横的北京西郊海淀一带，王公贵族和官僚也兴建许多颇具规模的宅园。这些宅园大都沿袭明代别墅园的格局，以水为主景，建筑物环水而建，并吸收江南园林的造园手法，富有诗情画意，如澄怀园、蔚秀园、熙春园、承泽园等。北京亦有许多由著名文人和大官僚建造的宅园，其中有的是由园主延聘江南造园家主持营建的，著名的有纪晓岚的阅微草堂、李渔的芥子园、贾胶侯的半亩园、冯溥的万柳堂及吴三桂府园、祖大寿府园、王渔洋园等。

（一）恭王府花园

恭王府花园，名萃锦园，位于府邸北面，与府邸有夹道相隔。花园占地 38.6 亩，园内建筑分中、东、西三路。

花园中路的南北中轴线与府邸的中轴线贯通，建筑布局对称严整。园门是一座西洋式雕花拱券门，位于南墙正中。步入园门，东有垂青樾，西有翠云岭，都是用云片石叠成的假山；迎面矗立着一座柱形太湖石，上刻"独乐峰"三字。石后是一座凹形水池，水清荷翠，明爽悦目，因状如蝙蝠翩飞，故名蝠河。蝠河北面为正厅安善堂。堂建在青石叠砌的台基之上，面阔 5 间，两侧出廊连接东、西厢房，形成一个三合院。东厢为明道堂，西厢为棣华轩。安善堂后的二进院落是一座四合院。院中有一方形水池，池北是用北太湖石叠筑的大假山，名滴翠岩。假山奇姿异态，洞穴潜藏，石隙间翠蔓蒙络。山下石洞称秘云洞，洞内有康熙手书的"福"字碑。山上建三间盝顶敞厅，名绿天小隐，厅前平台称邀月台。厅两侧筑爬山廊直通东、西两厢，并各设一门，分别通向东路的大戏台和西路的湖池区。山石后为三进院落，主体建筑是位于中轴线最北端的后厅。后厅面阔 5 间，硬山卷棚顶，前后各出三间歇

恭王府花园蝠厅

山顶抱厦，两侧连接三间折曲形耳房，因平面呈蝙蝠形，故称蝠厅（取"福"字的谐音）。这条南北轴线的建筑层层深入，主次分明，充分显示王府花园的宏大规模和豪华气派。

花园东路以建筑为主体，布局自由灵活。第一进院落南墙正中辟一座垂花门，门的比例匀称，造型精美。院内有龙爪槐四株，枝繁叶茂，当年"千百竿翠竹遮映"，颇为幽静雅致。院内东厢房一排8间，皆卷棚硬山顶；西厢房即明道堂的后卷，正厅为大戏台的后部。垂花门前偏西处有一座八角形流杯亭，名沁秋亭。亭为单檐六角攒尖灰筒瓦顶，亭内地面有流杯渠，仿古人曲水流觞之意。垂花门院东面的狭长小院为吟香醉月之馆，北面为大戏台。大戏台包括前厅、观众厅、舞台及扮戏房，内部装饰华丽，彩画精美。

花园西路以水池为主景，沿池布置建筑。水池略呈长方形，水面开阔，波光涟漪。池中小岛上建有敞厅，名观鱼台，是消夏避暑、钓鱼嬉水的佳处。池北岸建五间两卷房，名澄怀撷秀；池东建有长廊，池南面有一段城墙式围墙，取名榆关，象征万里长城最东端的山海关。榆关内有敞厅三间，名秋水山房。

恭王府花园是一座典型的皇族私府园林。在建筑布局上，它没有以池湖作为构图中心，而是突出中路轴线的主体建筑，并与府邸中轴线的建筑贯通一气，显得庄重宏伟，颇具皇家气派。西路的水景和东路的建筑庭院景区，碧水缭绕，古木参天，建筑精巧，冲淡了中路建筑的严整性。正是这种富有山林野趣的自然环境，使花园虽采取王府的规整布局，却保持风景式园林的意趣。

（二）半亩园

半亩园位于北京紫禁城外东北角弓弦胡同，是一座以叠山理水而著称的宅园。始建于康熙年间，为贾胶侯的宅园，由著名的文人造园家李渔主持营建。道光年间，完颜麟庆购得此园后，重加修葺改建，成为北京城最负盛名的宅园。据麟庆《鸿雪姻缘图记》记载，园内亭台楼榭众多，"正堂名曰云荫，其傍轩曰拜石，廊曰曝画，阁曰近光，斋曰退思，亭曰赏春，室曰凝光。此外有琅嬛妙境、海棠吟社、玲珑池馆、潇湘小影、云容石态、罨秀山房诸额。"[①]

半亩园占地 0.4 万平方米，分为南北两区。南区以一个狭长形的水池为中心，池中央叠石为岛屿，岛上建有玲珑池馆，东西两侧平桥接岸，把水池分隔为两个水域。池南岸靠南墙叠小型石山，与玲珑池馆隔水互为对景，山上建一座六角亭，坐亭中可俯瞰全园胜景。池西北岸亦有叠石假山，与退思斋的外墙相接，使斋内达到冬暖夏凉的效果。退思斋屋顶为平台，名蓬莱台。沿着假山的磴道登上蓬莱台，可远眺紫禁城宫阙、北海白塔及景山诸景。这里也是中秋赏月的佳处。池东岸为蜿蜒曲折的随墙游廊，廊间的曝画阁与西岸的留客亭隔水成对景。池北岸的正厅云荫堂，是北区的主体建筑。堂前临水而建的月台与岛上的玲珑池馆遥相呼应，构成南北中轴线。云荫堂旁的拜石亭，是园内的重要景观。拜石亭上有一块石屏，上绘麟庆画像，名为"见亭石照"，亭中陈列采自各地的奇石。拜石亭前后各有房屋三间，也用来陈列石景。许多石景上有历朝名人的题诗，如成亲王永瑆、著名学者阮元等。云荫堂西面的近光阁，是园中的最高处，循游廊往南通退思斋。最北端的琅嬛妙境是藏书处，有轩三楹，藏书达 8.5 万卷。

园内堆叠的假山均出自李渔之手，多为土石山，用京郊西山所产片

---

① 转引自任常泰、孟亚男《中国园林史》，北京燕山出版社，1993 年版，第 301 页。

块状的青石叠砌，犹如绘画的斧劈皴。可惜，这座精美绝伦的叠山理水名园已被拆毁。

三、岭南园林

岭南园林具有悠久的历史。早在五代南汉时，广州已有仙湖御花园，其中的药洲九曜园遗址至今犹存。清初，岭南地区经济发展较快，文化水平提高，营建私家园林日渐兴盛。清中叶后，岭南园林在建筑布局、空间组织、叠山理水、花木配置等方面逐渐形成自己的特点，成为与北京园林、江南园林迥然相异的园林流派。粤中"四大名园"集中反映岭南园林的风貌和特色。岭南园林一般做成庭园的形式，规模较小，建筑布局不受章法限制，依势而设，平易开朗，富有浓厚的生活气息。叠山多用皴折繁密、有天然纹理的英石包镶在外层，使山体的姿态丰富，呈现水云流畅的形象。水景处理以聚为主，大多采用较规则的曲池和方池，以其完整性求得小中见大的景观效果。建筑物高敞通透，具有良好的通风条件，以装修典雅、色彩艳丽、做工精致而见长。园内观赏植物种类繁多，一年四季花团锦簇，绿荫葱郁。因此，岭南园林具有一种不似北京园林之开阔，不似江南园林之纤秀的通透典雅、清新自然的独特风格。清末，岭南园林明显受到西方建筑风格的影响，如规整的花坛、彩色玻璃窗花、罗马式拱形门窗、巴洛克式柱头等。

（一）清晖园

在清代岭南四大名园中，位于广东佛山市顺德区大良镇的清晖园是规模最大的一处。其原为明末大学士黄士俊的花园，清乾隆年间龙云麓购得此园后，因龙氏子弟分家，将园一分为三，中部清晖园归其子龙廷槐经营。嘉庆五年（1800），龙廷槐在园中大兴土木，后经陆续扩建，使清晖园成为一座著名的岭南园林。

清晖园是岭南园林中顺应自然布局的代表作。全园以主体建筑船厅为布局中心，楼堂、亭榭等建筑因地制宜，互相衬托，构成幽雅清静的园林景观。船厅是岭南园林常见的建筑类型。这种临水而建的厅堂，一般用来会客和观景。清晖园的船厅是一座长方形的二层楼舫，其造型仿

广东清晖园

自昔日珠江上的紫洞艇。船厅平面像舫，立面像楼，前舱和中舱之间隔以镂空芭蕉图案木雕，两旁窗扇装饰竹叶图案木雕，使人犹如置身于蕉林竹丛之中。二楼挑出平坐，平坐栏杆上雕刻着精美的水波形花纹。登上舱楼凭栏眺望，莲池水榭、山石花木尽收眼底，一派秀丽景色。船厅通过短廊与惜荫书屋和真砚斋连为一体，构成园内的主要建筑群。船厅西面景物以池塘为中心，沿池建有澄漪亭、六角亭、碧溪草堂等建筑。碧溪草堂临水而建，与池岸的六角亭和水榭式的澄漪亭以步廊相连，组成和谐优美的建筑景观。草堂的装修典雅华丽，正门是木雕通花做成的竹石圆光罩，两侧玻璃屏门的池板上刻有百寿图，以隶书、篆书和象形文字刻成96个寿字，字字形态不同。草堂西侧的槛窗下嵌有"轻烟挹露"砖雕一幅。画面上的竹石，线条简洁，苍劲有力，为廷槐之子文任于道光年间所作。船厅东面景物以假山和花卉为主。园内花木品种繁多，有高丈余的玉堂春、高10米的木棉树、百年紫藤及龙眼、银杏、芭蕉、九里香、佛肚竹等观赏花木，一年四季花香果美，充溢着南国的清雅晖盈。

　　清晖园占地10余亩，由于建筑与园林配置得体，使园林空间层次丰富，疏密相宜，取得步移景异的效果。园内装饰图案多以岭南物产为题材，纹样无一雷同，具有浓厚的地方特色。

（二）余荫山房

余荫山房，又名余荫园，位于广东省广州市番禺区南村。它建于同治五年至十年（1866—1871），是园主邬彬中举后为纪念祖先余荫而建。园门两侧的对联"余地三弓红雨足，荫天一角绿云深"，点出"余荫"之意。

余荫山房分为东西两部分。西部以长方形的石砌荷池为中心，沿池布置楼台馆舍、亭桥廊榭。池北的深柳堂，是山房的主厅，面阔3间，内部开敞，装修精美。堂前两壁漏窗古色古香，两侧花罩雕刻的花鸟图案玲珑精致，栩栩如生，迎面的紫檀屏风上写满名人书画，南窗镶嵌的刻花玻璃绚丽多彩。堂前月台两侧，各有一株苍劲的炮仗花，花开时宛若一片红雨，绚丽非常。池南的临池别馆，造型简洁，与对岸的深柳堂形成鲜明的对比。池东建有游廊，廊间有一座跨拱形亭桥通往东部。亭桥名浣红跨绿，屋顶高过桥廊，显得错落有致。东部面积较大，中央开

| 余荫山房 |

凿八角形水池。水池正中有一座八角亭，名玲珑水榭，是东部的主体建筑。水榭八面全是明亮的玻璃窗，可以环眺八方之景，可惜体形过大，与东部小巧的山水环境不甚协调。水榭东南部沿园墙堆叠峰峦，东北部点缀着精致玲珑的孔雀亭和来薰亭，西北部有平桥与通往山房西部的游廊相连。园内种植许多大树菠萝、蜡梅花树、南洋水杉等岭南特有的树木，枝叶繁茂，绿荫匝地。

余荫山房占地仅2000平方米，庭园虽小，但山、石、池、桥、亭、堂、楼、榭等配置得当，布局巧妙，构成虚实相映、曲折幽深的园林景观。东西两池并列组成水庭，通过中间的桥廊相连，既相互分隔，又融为一体。这种规则严整的几何形布局，明显是受到西方园林的影响。此外，园内某些建筑小品，如栏杆、雕饰及建筑装修，亦采用西方建筑式样。

（三）可园

可园位于广东东莞市，建于咸丰六年（1856），是江西布政使张敬修的别墅。可园占地仅3亩，但设计者运用咫尺山林的造园手法，在有限的园林空间巧妙安排亭台楼阁、厅堂轩院、山水花木。全园共有1楼、6阁、5亭、6台、5池、3桥、19厅、15房，通过97个式样不同的大小门洞，与迂回曲折的碧环廊连为一体，其间点缀假山、鱼池、花木等，构成变化而和谐的园林景观。

可园以可楼为构图中心，组成曲折起伏、错落有致的建筑群，环合成一个封闭的空间。可楼高15.6米，共四层。楼旁有石级平台可通顶层邀山阁。登阁俯瞰全园，亭台楼阁、山石鱼池，尽收眼底；纵目远眺，周围凤凰山、更鼓山、罗浮山等山川秀色历历在目，深得借景之妙。显然，如此高耸的楼阁，在中国古典园林中尚不多见。可楼前的双清室，又称亚字厅，因其平面形状与装饰图案近似"亞（亚）"字而得名。厅前有曲尺形鱼池，池水清澈，游鱼可数。双清室作为可楼的陪衬，使楼宇之间由低到高，起伏有致，以免可楼高大的形体显得过于单调。可楼旁边的绿绮楼，是一组曲尺形的二层楼阁，因曾收藏唐代"绿绮台琴"而得名。绿绮楼和可楼以游廊相连。远远望去，可楼轩昂挺拔，造型秀丽，绿绮楼曲折玲珑，造型精巧，二者形成巧妙的对比，使建筑轮廓曲折多变，姿态各异。可湖南岸的可堂，是可园的主厅，与可

|　可　园　|

楼和双清室互成掎角之势。堂前庭院中有拜月亭、兰台和珊瑚假山，都呈几何形排列。可园入口处的擘红小榭，是一座半亭式建筑。它与西面的"之"字形游廊围成一个曲折狭小的庭院，并以树木、花坛和可堂庭院相隔，从而烘托规整开敞的主庭院。显然，这种以楼阁群体组成连房广厦的集中建筑布局，使可园在岭南园林中别具一格。

第三节
园林建筑类型

>>>

中国古典园林的审美构成，除山石、水面、花木等自然条件外，园林建筑占有重要的位置。园林建筑除具有一般建筑的实用性外，还要有较高的观赏性，在丰富和扩大园林空间美感，创造园林艺术意境中发挥独特的作用。园林建筑按不同的造型特征，分为厅、堂、楼、阁、亭、轩、舫、榭、斋、馆、廊、桥、台等类型，分别用于点景、观景和分景等不同的造园功能。这些种类繁多、形状各异的单体建筑，既可根据园林构图的需要单独设置，在园中自成一景，也可用游廊、墙体等把它们组合成院落式的建筑群体，创造丰富多彩的空间效果。此外，园林建筑不仅以造型的玲珑精巧、布局的自由灵活、色彩的清新雅致和空间处理的开朗宽敞而具有特殊的艺术魅力，而且与山、水、植物等自然景观相互因借，与周围的环境融为一体，创造千姿百态、赏心悦目的园林景观。由此可见，园林建筑的审美意义，除建筑物自身的审美价值外，更重要的是通过这些不同类型的建筑，将外界景观引到人们面前来观赏，使欣赏者从人为的有限空间领略宇宙之万千气象，感受人生的深刻哲理。正如计成《园冶》所说："轩楹高爽，窗户虚邻；纳千顷之汪洋，收四时之烂漫。"[1]

一、厅堂

厅堂是园林建筑的主体，大多建在主要园景的正面。园林中的厅堂，是园主进行会客、宴请、观赏小型表演等游乐活动的场所。园林中的厅与堂无明显区别，都具有间架多，较高而深，室内空间宽敞，门窗装修考究，造型典雅端庄的特点。厅堂前多种植花木，叠石为山，使人置身室内就能欣赏园林景色。清代，园林厅堂的类别较多。如李斗《扬州画舫录》的"工段营造录"中所列厅堂，有"一字厅、工字厅、之字厅、丁字厅、十字厅……六面庋板为板厅，四面不安窗棂为凉厅，四厅环合为四面厅。贯进为连二厅，及连三、连四、连五厅。柱檩木径取方，为方厅。无金柱亦曰方厅。四面添廊子、飞椽、攒角为蝴蝶厅。仿十一檩挑山仓房抱厦法，为抱厦厅。构木椽脊为卷厅，连二卷为两卷厅，连三卷为三卷厅。楼上下无中柱者，谓之楼上厅、楼下厅。由后檐入拖架，为倒坐厅。"

厅堂在造园中占有重要地位。计成《园冶》认为："凡园圃立基，定厅堂为主。先乎取景，妙在朝南。"[2] 江南园林的厅堂，大多坐南朝

---

① 《园冶注释》，中国建筑工业出版社，1988 年版，第 51 页。
② 同上书，第 71 页。

北。这样，从厅堂向北眺望，可观赏到由池水及池北叠山、花木、小型
建筑所组成的园林景观。留园中区的主厅涵碧山房，建在水池南岸，与
北岸山顶的可亭隔水相对，为江南园林中最普遍的"南厅北山，隔水相
望"的模式。涵碧山房高旷开敞，陈设雅致，厅前是宽大的平台，厅后
是花木繁茂的庭院，西侧沿爬山廊可达远翠阁，东侧有倚墙而建的明瑟
楼。北方园林的厅堂，一般坐北朝南。这样，既可避免冬天的西北风，
又可创造南向的局部小气候，如颐和园生活区的主体建筑乐寿堂，即为
典型实例。

　　岭南园林中最为常见的船厅，是一种临水而建，兼有厅堂、楼阁等
功能的建筑。清晖园的船厅，是园内的主体建筑，也是全园建筑配置的
中心。船厅以曲廊与惜荫书屋、真砚斋等建筑连接，构成园内的主要建
筑群。由船厅后舱的南楼登梯可达舱楼，凭栏眺望，沿池的澄漪亭、六
角亭、碧溪草堂、归寄庐、笔生花馆等建筑，历历在目。

　　清代皇家园林中，堂是帝后在园内生活起居、游赏休憩性的建筑

| 苏州留园涵碧山房 |

物。作为园林中最高等级的建筑，堂的体型严整，装饰瑰丽，陈设豪华，但外观往往古朴典雅，与庭院中散缀的山石、花木相呼应，体现一种既富丽堂皇又清新淡雅的园林气氛。颐和园的乐寿堂、玉澜堂、益寿堂，避暑山庄的戒得堂，均为典型实例。

二、亭轩

亭是供人憩息和观览景物的建筑，在园林中被广泛运用，不论山巅水际、林中湖心、路旁桥头都可因地制宜而设置。亭的结构玲珑轻巧，活泼多姿，平面形式有方形、圆形、六角形、八角形、梅花形、扇面形、海棠形、十字形等；屋顶形式有单檐、重檐、攒尖顶、歇山顶、盝顶、组合顶等。

清代，亭是园林中不可缺少的重要建筑，以其精巧华靡的风格、灵活多变的造型，为园林景观增添异彩。例如，避暑山庄在四座山峰上分别建有南山积雪、北枕双峰、锤峰落照、四面云山等四亭，使全山庄的景物在空间范围内控制在一个立体交叉的视线网络中，从而把平原和山区建筑群连为一体，体现帝王"缩天移地在君怀"的造园指导思想。亭的造型也比前代更加多样化，如乾隆花园中耸立在符望阁前山主峰上的碧螺亭，台基柱础全呈五瓣梅花式，亭身遍饰梅花图案，造型精巧雅致，别具一格；网师园入口处的半亭，在素洁粉墙背景的衬托下，轮廓造型轻盈秀丽，显得清逸淡雅；颐和园昆明湖东岸的知春亭，是一座重檐四角攒尖顶方亭，梁枋上的绿色彩画、挂楣栏杆的绿色油漆，以及亭外环岛的垂柳，无不给人一种春已来临的感受。

体形轻巧的亭，是最适于点缀园林风景的建筑。亭大多设置在园林主要的观景点，并运用对景、借景等手法，创造多层次的风景画面。颐和园十七孔桥东面的廓如亭，面积达130多平方米，由外圈的24根圆柱和内圈的16根方柱支撑着，是我国现存亭类建筑中体量最大的一座。站在亭中，向北眺望万寿山佛香阁和昆明湖水，山水楼阁形成优美的画面。北京景山五峰之巅的五亭，是观景的绝佳之处。中峰的万春亭，是一座三重檐四角攒尖顶亭，位于贯穿全城南北中轴线的制高点上。登亭

廓如亭

四望，南部轴线上金碧辉煌的紫禁城，北部轴线上巍峨壮观的钟鼓楼，以及西面湖水如镜、树木葱葱的西苑三海和东面一望无际的广阔平原，展现一幅幅景色优美壮观的画面。

　　显然，亭已不仅仅是一座单纯的建筑物，而是构成中国园林艺术意境的审美要素之一。美学家宗白华在谈到亭的审美价值时说："中国人爱在山水中设置空亭一所。戴醇士说：'群山郁苍，群木荟蔚，空亭翼然，吐纳云气。'一座空亭竟成为山川灵气动荡吐纳的交点和山川精神聚积的处所。倪云林每画山水，多置空亭，他有'亭下不逢人，夕阳澹秋影'的名句。张宣题倪画《溪亭山色图》诗云：'石滑岩前雨，泉香树杪风，江山无限景，都聚一亭中。'苏东坡《涵虚亭》诗云：'唯有此亭无一物，坐观万景得天全。'唯道集虚，中国建筑也表现着中国人的宇宙意识。"① 张家骥教授在《中国造园论》一书中，把亭的审美价值概

————————

① 宗白华《美学散步》，上海人民出版社，1981 年版，第 72 页。

括为："江山无限景，全聚一亭中。"他进一步阐述："中国的'亭'，是无限空间里的有限空间，又是将有限空间融于无限空间的一种特殊的建筑空间形式。它是空间'有'与'无'的矛盾统一，是融合时空于一体的独特创造；它为中国古代'无往不复，天地之际也'的空间观念，提供了一个最理想的立足点，集中地体现出中国传统的美学思想和艺术精神！"①

轩，在建筑上是指厅堂前带卷棚顶的部分。在园林中，轩一般指地处高敞，环境幽静的小室。轩与亭有异曲同工之妙。轩的体形较亭为大，轩中往往放置简单的家具，供人们喝茶、下棋之用，但轩的结构与亭相似，大多精巧玲珑，高敞飘逸。《园冶》中说："轩式类车，取轩轩欲举之意，宜置高敞，以助胜则称。"②

轩，或临水而建，为观鱼品花最佳的地点；或隐于半山，为极目远眺观景的佳处。苏州网师园的竹外一枝轩，是一座临水的敞轩，四面空透开敞，内外空间变化多端。置身此轩，但见四周山水如画，楼阁高耸，可从不同方向观赏到不同意境的画面。苏州留园的闻木樨香轩，是个背墙面水的三跨敞轩，位于西部山岗的最高处。它地势高敞，视野开阔，可纵览园中秀丽景色，是留园一处重要的观景点。

在园林中，某些环境清幽、安谧的小庭院也称轩，诸如留园的揖峰轩，网师园的看松读画轩。其实，这些小庭院只是以轩式建筑为主体，周围环绕游廊和花墙，形成一个封闭的园林空间。揖峰轩是深藏在五峰仙馆与林泉耆硕之馆两大厅堂间的小庭院，只有园主读书的两间半小室。轩前庭院中立湖石峰，并利用回廊的曲折多变，在廊与墙间划分不同的小院，以增加空间的深度与层次感，使得庭外有庭，景外有景。

清代皇家园林中，轩大多设置在高旷、幽静的地方，形成一座独立的园中之园，如颐和园的霁清轩、写秋轩、嘉荫轩、倚望轩，避暑山庄的山近轩、有真意轩等。它们都依山就势而建，布局自由灵活，并与

① 张家骥《中国造园论》，山西人民出版社，1991 年版，第 218 页。
② 《园冶注释》，中国建筑工业出版社，1988 年版，第 89 页。

亭、廊等建筑相互组合成错落有致的园林空间。霁清轩位于颐和园谐趣园北部的山岗上，面阔 3 间，以爬山廊与周围亭堂相连，构成一座颇具特色的小园林。写秋轩位于颐和园万寿山东侧山坡，面阔 3 间，两侧以爬山廊连接东西配亭，轩前有两株古松，是一处环境幽雅清静的小园林。

三、楼阁

楼阁是两层以上的建筑物，在园林中主要用于品茗赏景。最初，楼与阁有区别。楼指叠而为重层的房屋，主要用于居住；阁指下部架空、底层高悬的建筑，主要用于储藏、观景或供奉佛像。后世楼阁无严格区别，常连用。园林中的楼，其平面一般为狭长形，面阔三五间不等；阁与楼相似，但平面多为方形或正多边形，立面以隔扇取代墙壁，造型高耸凌空，较楼更为完整、丰富。计成对楼阁在园林中的布局颇有巧思，在《园冶·楼阁基》中云："楼阁之基，依次序定在厅堂之后，何不立半山半水之间，有二层三层之说，下望上是楼，山半拟为平屋，更上一层，可穷千里目也。"[1]

楼阁的体量硕大，造型变化多姿，对丰富园林建筑群的立体轮廓具有突出的作用。因此，楼阁常设置在园林的显要位置，成为园林中重要的点景建筑。清代园林中的楼阁，如昆明大观楼、苏州留园明瑟楼、紫禁城乾隆花园赏翠楼、成都望江公园崇丽阁等，均为典型实例。它们或临水而建，或高耸山巅，以其高大、突出的造型为人瞩目。大观楼以开阔明丽的风光和誉满神州的长联而闻名，它耸立在滇池北岸，与太华山隔水相望。楼始建于康熙二十九年（1690），咸丰年间毁于兵火，同治五年（1866）重建。楼为正方形平面，高三层，各层出檐深远，比例适当，自下向上逐层收分。顶部为四角攒尖顶，覆黄琉璃瓦；下部坐落在宽敞的平台上，四周围绕汉白玉栏杆。整座楼阁雕饰装点适宜，造型稳重端庄，在湖光山色中显得格外雄伟壮观。楼四周有览胜阁、观稼堂、

---

[1] 《园冶注释》，中国建筑工业出版社，1988 年版，第 74 页。

涌月亭、牧萝亭等众多低矮的亭台廊馆，衬托着主体建筑。登楼眺望，远山如黛，五百里滇池波光水天，视野极为开阔。

在皇家园林中，楼阁常常位于建筑群的中轴线上，成为园林的主景和整个建筑群空间序列的高潮。这样的实例很多，如颐和园佛香阁、乾隆花园符望阁、避暑山庄云山胜地楼等。雄踞在万寿山前山中央的佛香阁，是颐和园的构图中心和主要景观。佛香阁通高41米，顶部距昆明湖水面高达80米，为全园最佳观景点。以佛香阁轴线为中心，在东西两侧排列着转轮藏、慈福楼和宝云阁、罗汉堂两条辅线，更加强了主体建筑的宏伟气势。符望阁位于乾隆花园最后一进院落的中轴线上，是一座巍峨壮丽的重檐两层楼阁。在这座全园体量最宏大、外观最华丽的楼阁周围，布置许多次要建筑，形成几处形式各异、大小不同的庭院空间，用来衬托主体建筑。登阁凭栏远眺，紫禁城三宫六院及景山、北海琼华岛诸景，历历在目。

在私家园林和皇家园林的小园林中，楼阁大多建在园林的边侧或后部，以保证中部园林空间的完整，增加园林的景深，并起到因借园外景色的作用。苏州留园远翠阁、东莞可园可楼、北海静心斋叠翠楼、颐和园谐趣园中的瞩新楼等，都是运用这种布局手法的实例。可园是一座占地仅 3 亩（1 亩 ≈ 666.67 平方米）的小园林，然而，园中层楼叠阁，廊庑萦回，亭台点缀，叠山理水，极尽园趣。建筑如此密集，却无拥挤的感觉，全得力于布局灵活，因地制宜。高四层的可楼是可园的主体建筑，由于建在园林后部，便与前面的低矮建筑形成鲜明对比，使建筑轮廓曲折多变，错落有致。登楼俯瞰全园，胜景历历在目，犹如一幅连续的画卷。

四、榭舫

榭是水边的敞屋，常一半伸入水中，一半架立岸边。榭的结构轻巧，立面开敞，是园林中重要的观景与点景建筑。榭在建造时，十分注意与周围环境的协调一致，所谓"榭者，借也。借景而成者也。或水边，或花畔，制亦随态。"[1] 这是说，榭是凭借着周围景色而构成的，它的结构依照风景的不同而灵活多变，是供人赏花和眺景之用的建筑。

在南方的私家园林中，榭是池岸重要的观景与点景建筑。榭的平面多为长方形，四周柱间设栏杆或鹅颈靠椅，四面敞开，装饰精致，屋顶多采用卷棚歇山式。网师园濯缨水阁、余荫山房玲珑水榭、可园观鱼水榭、清晖园澄漪亭水榭，都是比较典型的实例。网师园是苏州园林中引水为胜景的代表作，其建筑沿水池四周设置。濯缨水阁是水池南岸园林景观的构图中心，它建在水面之上，凭栏可观赏四周景色，并与池北岸的主要建筑看松读画轩遥相呼应，构成对景。玲珑水榭建在余荫山房东部水池之中，它的四周八面全是明亮的玻璃窗，可环眺八方之景。水榭通过曲廊跨池连接听雨轩，并与池边的孔雀亭、来薰亭等构成一组建筑景观。

---

[1] 《园冶注释》，中国建筑工业出版社，1988 年版，第 89 页。

在北方皇家园林中，榭具有浓厚的皇家建筑色彩。为适应规模宏大的皇家园林的点景需要，榭的形体较大，造型浑厚稳重，甚至由单体建筑演变为一组建筑群体。颐和园的洗秋厅和饮绿亭、对鸥舫和鱼藻轩，避暑山庄水心榭，北海濠濮涧水榭，都是皇家园林中著名的水榭。颐和园东北角的谐趣园，是一座以荷池为中心布局的园中之园，洗秋厅和饮绿亭正好位于荷池的曲尺形拐角处。两榭的布局为谐趣园组景的中心，饮绿亭与池北的主体建筑涵远堂、霁清轩形成园内南北中轴线，洗秋厅正对西部的宫门，构成东西次轴线。两榭之间以三间短廊连成一个整体。洗秋厅的平面为长方形，卷棚歇山顶；饮绿亭的平面为正方形，由于位于荷池拐角处，它的歇山顶变换了一个角度，转而面向涵远堂方向。两榭均红柱、灰瓦，略施彩画，体现出皇家园林的建筑风格。避暑山庄水心榭是三座建在石桥上的亭榭建筑，其造型结合桥墩的构造，形成两端高耸、中间平稳的一个整体。这种将水闸加宽为石桥，桥上建亭榭的建筑手法，构思巧妙，别具一格。

避暑山庄　水心榭

舫是按照舟船造型建在水边或水中的园林建筑，因不能动，又称不系舟、旱船。舫由前舱、中舱和后舱组成。前舱较高，做成敞篷，具有亭榭之特征；中舱低矮，两侧做成通长的长窗；后舱一般为两层，类似楼阁，可登临远眺。舫的造型轻盈舒展，是园林风景的重要点缀。

舫是极具中国特色的建筑，在江南园林中尤为常见。江南园林布局多以水池为中心，但由于水池面积较小，不能划船，便在岸边仿船的造型建造木石结构的舫，供人在里面游玩饮宴、观赏水景。舫虽为不系舟，身临其中，也能产生泛舟水面的感受。苏州怡园的画舫斋，造型轮廓仿拙政园香洲建造，但装修华丽，结构精美，堪称清代南方舫的代表作。画舫斋位于怡园水池西岸，后舱倚半廊与湛露堂相邻，前舱临水面朝向园内主要景区，是园西部重要的景点。南京天王府西花园石舫，是天王府的重要文化遗产，也是清代石舫的优秀实例。

清代皇家园林的舫是从南方引进的，但在建筑形式上竭力仿真，雕琢过度，体现浓厚的皇家气派。颐和园的清宴舫是中国古典园林中最大的石舫，它位于万寿山西麓的昆明湖畔，始建于乾隆二十年（1755），船体用巨大石块雕砌而成，长达36米。舫上原设中式舱楼，咸丰十年（1860）被英法联军烧毁。光绪十九年（1893）重建时，改为西洋楼建筑式样，并将两层木结构船舱油饰成大理石纹样，窗上镶嵌五彩玻璃，顶部装饰精美的砖雕。显然，这是慈禧太后猎奇情趣的反映。

五、廊桥

廊是修长曲折的过道或通道。廊在园林建筑中，是一种特殊的线形建筑。它可以起到纽带的作用，将分散的亭台楼阁、轩榭厅堂等建筑联系成为有机的整体，使园林内外空间相互渗透，构成层次丰富的园林景观。它还具有遮风避雨、联系交通、引导游人等实用功能。园林中的廊大多随地形和游赏需要灵活设置，随形而转，依势而曲，在组景中变化多端。例如，穿越在山间坡地的爬山廊，左右转曲，上下起伏，穿楼过殿，构成一种磅礴的气势；跨建于池面或溪涧之上的水廊，通花渡壑，蜿蜒逶迤，倒影入水，别具风姿。由此可见，不同形式的廊会形成各自不同的园林空间，产生截然异趣的造园效果。

颐和园长廊是中国古典园林中最长的廊。从造景角度看，蜿蜒曲折的长廊不仅将万寿山前各景点紧紧连接在一起，以此增加景点的空间层次和整体感，而且具有分景的作用。正如宗白华所说："颐和园的长廊，把一片风景隔成两个，一边是近于自然的广大湖山，一边是近于人工的楼台亭阁，游人可以两边眺望，丰富了美的印象。" [①]

北海濠濮涧景区，以土岗、假山、树木等与外界相隔，环境幽静，别有情趣。游人行进其间，道路狭窄，山石陡峭，通过山岩的一段黑暗后，面前是一座敞轩式水榭。顺着水榭南面幽曲的爬山廊继续攀缘，便到达云岫厂和崇椒室。造园者正是以爬山廊来连接景区的建筑，把纷纭复杂的景观组成丰富多彩、完整和谐的有机整体。

桥在园林中，不仅可以沟通园路、驻足赏景，而且是点缀风景，增加园林自然情趣的组景手段。

桥在园林中的布局和造型尽管变化多端，千姿百态，但必须与周围环境相结合，成为园林景观的点缀。颐和园的西堤六桥，掩映在堤岸的绿柳桃红之中，使西堤风景更加秀丽宜人。特别是曲线优美的玉带桥，白色的桥拱隐没在绿树丛中，桥洞下碧波荡漾，桥与影融为一体，颇富情趣，再加上其背景有黛色的玉泉山、香山相衬，更显得玉带纯正，奇秀无比。

在大型园林中，为了与自然山水及宏伟的建筑群相适应，多采用轮廓丰富、体积较大的桥，如北海和中海之间的金鳌玉蝀桥、颐和园的十七孔桥、瘦西湖的五亭桥。十七孔桥是岛、桥、亭的完美结合。桥西的南湖岛是昆明湖中最大的岛屿，桥东端的廊如亭是我国现存体量最大的亭，而长达 150 米的十七孔桥又是园内最大的石桥。它将东堤与南湖

---

① 宗白华《美学散步》，上海人民出版社，1981 年版，第 57 页。

| 春到西堤 |

岛连接起来,显得气势磅礴,共同组成一幅完整的风景画面。瘦西湖的
五亭桥,亭与桥共为一体,造型别致,风格独特。每当皓月当空,桥中
15 个拱券各衔一月,众月争辉,金波荡漾,使湖景更显秀丽宜人。

第六章

民居建筑

6

民居是历史上最早出现的建筑类型，也是中国古代建筑文化的重要组成部分。与体现皇家气派、追求宏伟壮观的官式建筑和充满诗情画意、崇尚清新典雅的文人建筑不同，民居建筑是大众化的，最富有地方特色和民族风格的建筑类型。中国地域广博、历史悠久、民族众多，由于各自不同的自然条件和社会生产力、生活习俗、宗教信仰等社会因素的种种差异，民居建筑的类型千差万别、瑰丽多姿。最具代表性的，有北京的四合院、东北的暖居、福建的土楼、贵州的吊脚楼、云南的一颗印、苏州的园林宅院、西南地区的干阑、黄土高原的窑洞、蒙古草原的毡包、西藏的碉房、新疆的阿以旺等。这些民居建筑，不论在繁华的城市还是偏僻的乡村，都与当地的生活方式和风俗习惯紧密结合，因地制宜，就地取材，深深扎根于民间，充分表现了各族人民的智慧和才能。

在现存的传统民居中，除少量的属明代文化遗产

| 贵州丙安古镇吊脚楼 |

🔺 丙安古镇是赤水连接黔中各地的必经之路，是中国历史文化名村、贵州省历史文化名镇，列入全国100个红色旅游经典地之一。以丙安古镇为中心的丙安风景名胜区是赤水八大景区之一。丙安古镇自古以来为川盐入黔著名驿站和商品集散地，被专家学者誉为"明清建筑与历史的活化石"，具有"千年军商古城堡"之美誉。

外，绝大多数都是清代建造的。受社会、经济发展诸因素的影响，清代民居的规模、造型及审美情趣，与前代相比，都有许多新变化。

清代民居的规模，比前代有突飞猛进的发展。随着康乾盛世的出现，中国人口由明朝的数千万猛增到两亿。人口的急剧增长，加剧了居住与土地之间的矛盾，促使民居建筑不得不采取加高层数、拼联建造、加长进深等许多新措施，寻求新的设计途径。木材的逐渐减少，使中国传统的木结构房屋得到改进，清代民居出现节约用材量、简化构造方式、用砖石等取代木料的发展趋势。资本主义萌芽的出现，商品经济的发展，使社会财富相对集中于官僚、富商等少数人手中。他们对享受生活的追求，大批宅院的建造，刺激了清代民居建筑的发展。这些装修豪华考究的深宅大院，使建筑装饰工艺得到蓬勃发展，涌现出东阳木雕、徽州砖雕等精美的装饰艺术，为各地民居增添鲜明的地方特色。清代各民族民居建筑的相互融合与借鉴，形成各具特色的民族民居建筑，它们犹如五彩缤纷，千姿百态的花朵，开放在神州大地。海外华侨致富后在家乡买房置地，使中国传统民居开始融合进西方建筑风格，如西方建筑中流行的三角形山花、瓶式栏杆、券洞式拱门等装饰手法，在清末北京的四合院、广东潮汕的民居中，都有明显反映。清代中后期日益激化的阶级矛盾，迫使许多大宅院采取种种防御措施，或修建碉楼、炮楼、避难楼，或在楼房外墙增设炮眼，最典型的是闽粤客家人的土楼。总之，清代民居在继承中国传统民居的基础上，得到较大的发展，同时也孕育着新的变革。然而，它并没有突破旧的建筑体系，仍然属于为封建社会经济及生活方式服务的民居形式。

第一节

庭院式民居

>>>

庭院式民居是中国传统民居的最主要形式，长期为汉、满、回、白等族采用，在清代民居中为数众多，分布广泛。其基本特征，是以木构架房屋为基本单位，在南北向的主轴线上建正房或正厅，两侧设置东西厢房；再由这种一正两厢的院子，进而组成多进院落，形成严整有序的建筑空间。这种民居形式是中国传统民居的正宗典型，也是儒家文化和道德规范在建筑形制上的反映。庭院的正房或正厅在建筑尺寸、用料、装修等方面，都优于其他房屋，而庭院的布局与间数，不论是单进、多进，还是三开间、五开间，都离不开神圣的中轴线，以此体现尊卑、长幼、内外的封建秩序。这类民居遍及大江南北,但因地域气候的差异,地方传统与风俗习惯的不同,各自呈现独特的风貌。其中,最典型的形制有北京的四合院、江南的厅井式民居、昆明的一颗印式住宅和福建的土楼。

一、四合院

四合院是中国北方民居建筑中一种传统的布局形式,通常是以门道、前堂、过廊和后室为中轴线,东西两侧配置耳房和厢房,左右对称,主从分明,结构严谨。这种布局和结构的民居,西周时就已具雏形。西周初期的陕西岐山凤雏遗址是一座由二进院落组成的四合院式建筑,为目前所知四合院的最早实例。据《仪礼》记载,春秋时士大夫住宅的定制为大门3间,中央明间为门,左右次间为塾,门内为庭院,前堂后寝,左右为厢,由这些门、塾、厢、堂围合成四合院。四川、河南等地发现的汉墓砖上绘有四合院式住宅图案,说明四合院在汉代已逐步成熟。唐、宋时期,四合院是北方贵族普遍采用的住宅形式,并趋于规范,即在中轴线上排列厅堂,前堂与后寝用穿廊联成工字形平面,讲究左右对称,注重庭院园林化,屋顶多为歇山式或悬山式。这种民居形式具有庭院联合、结构方整、安静敞亮的特点,并有利于采光、遮阳、挡风、防沙,便于家庭起居生活,因此,成为北方地区最普遍的居住建筑。其中,最具代表性的是北京四合院。

北京现存的四合院,大多为清代建造。北京四合院的总体布局,是按胡同的方向设置,并遵守长幼有序、内外有别、轴线突出、左右对称等规范。因受风水说的影响,大门不开在中轴线上,而设在八卦的巽门方位或乾门方位。如东西走向胡同路北边的住宅的大门设在东南角,路南边的住宅的大门设在西北角;南北走向的胡同路东边的住宅的大门开在西南角,路西边的住宅的大门开在东北角。标准的大四合院为坐北朝南,大门开在东南角。大门分为高等级的屋宇式和低等级的墙垣式,用哪种门可以反映宅主的社会地位。门扇也因宅主的地位高低有广亮大门与如意门之区别。大门内外设置影壁。进大门迎面的影壁,相传有避邪作用,实际上是遮挡人们的视线,在建筑中制造一个曲迂的空间。影壁

北京四合院

的尺寸、式样和工料精美程度，均依宅主的社会地位而定。

入门向西是外院，南边临街的一排房称倒座房，用作杂务和客房。中门院墙是内外院的界限。中门是四合院建筑装饰的重点。它位于中轴线上，常以精致华丽的垂花门形式而引人注目。中门以内为内院。内院是四合院的核心部分，客人入内院须得到主人的邀请。内院由正房、耳房及厢房组成。中轴线上的正房是宅院中最高大、质量最好的房屋，为宅主居住之室。正房两侧各有一至二间较低的耳房，一般用作卧室。正房前左右对称的东西厢房，供晚辈居住和用作书房或餐室。东厢房的耳房常作厨房。从东面耳房转到后面为后院，院北的排房称后罩房，用作老年女性住房和仓库，院的西北角开有后门。四合院内大多栽植花木或摆设盆景、鱼缸等，形成安静闲适的居住环境。大型四合院多为四五进院落组成的建筑群体，有的设左右跨院，或附设花园，并采用木雕、砖雕、彩画等豪华装饰。室内装修及家具亦有一定格局，室内分间用各种形式的隔扇，如博古架、落地罩、花罩、栏杆罩等，家具主要有条案、八仙桌、太师椅等。中、小型四合院比较朴素淡雅，门扇多为黑色，装饰质朴无华。

　　明清时期，晋中地区涌现一批巨商富贾。他们在外经商致富后，不惜重金，在家乡营建一批深宅大院，留存至今的有很多，如祁县乔宅、太谷孔宅（即孔祥熙祖居）、平遥李宅（日升昌票号经理宅）等。这些宅院都采用四合院形制，由十几个院落的数百间房屋组成，外面环绕高大的砖墙，具有很强的封闭性，宛如一座座森严壁垒的城堡。祁县乔家堡乔宅，集中体现了清代北方民居的建筑风格。乔宅是工商地主乔致庸的住宅，建于乾隆二十年（1755），占地面积8 724平方米，建筑面积3 870平方米，包括大小院落19个，房屋313间。乔宅的引人注目，不仅在于它的巍峨壮观，更重要的是其精湛的建筑艺术。整座大院呈大吉大利的"囍"字形，布局严谨，设计精巧，外观威严端庄，浑厚粗壮，内部精美考究，富丽堂皇，充分显示晋中民居的高超建筑水平。漫步在乔宅各院，在门窗、过厅、梁柱等处布满精美绝伦的木雕装饰，如各院的正门上都刻有栩栩如生的人物雕像，柱头上雕刻松竹、垂莲、葡萄等各种寓意美好富贵的植物，大门横木的门档上装饰借喻四时如意的四头狮子。房顶、墙壁、院门等处精致的砖雕作品，题材广泛，活灵活现，诸如三星高照、四季花卉、五蝠捧寿、鹿鹤通顺、回文七巧、明暗八仙等，应有尽有，随处可见。

　　清朝的统治民族满族入主中原后，与汉族进行文化融合与交流，逐渐改变其原有的文化特色。在民居方面，不论是遍布京城的八旗贵族，还是驻扎在各地的满族官兵，都很快接受四合院住宅，并将这种民居形制传播到满族的肇兴发源地——吉林。吉林满族民居在采用四合院形制时，仍保持满族生活的某些特殊要求，与北京四合院不尽相同。主要表现在院落十分宽敞，不仅正房、厢房之间相隔较大距离，四周围墙亦远离厢房后檐，这样的布局可使房间获得充足的采光，并可将马车赶进院内。正房中以西屋为主，在西屋的南北西三面设火炕，称为万字炕，一般主人坐南北炕，客人坐最尊贵的西炕。大门多设在正中轴线上，或采用汉族的屋宇式门，或采用满族的四脚落地门和木板式牌坊门。

二、厅井式

　　厅井式是中国南方木结构民居普遍采用的形制，尤以江苏、浙江、

| 天　井 |

⚪ "天井"一词原指四周高、中间低的地形。如《孙子兵法》中"凡地有绝涧、天井、天牢、天罗、天陷必亟去之，勿近也。"作为一种建筑空间形态，天井普遍存在于明清至今的中国传统民居中。天井最早产生于何时，已无实迹可考。不过，因木骨泥墙的地面房屋由穴居而生发，屋居中的井空间由穴居中的坑井进化而来，逻辑上应是天井。故天井在中国古已有之，大概不会迟于西周陕西岐山凤雏村四合院。

湖南、湖北、广东等省最为典型。其平面布局与北方的四合院大体相同，只因各幢房屋相互联属，屋面搭接，致使庭院狭小，与房屋檐高相对比类似井口，故称为天井。天井内一般有地面铺装及排水设施。大门多开在中轴线上。正房常为大厅，建在第一进院内，房屋多为敞口厅，与天井共同作为生活空间使用。其后几进院落的房屋一般为楼房，楼上比较干爽，用作居室。有的还附设花园。房屋结构多采用穿斗式构架，建筑处理十分朴素，粉墙灰瓦，室内地面铺设石板，以适应江南温湿的气候。

苏州民居是厅井式的典型。其总体布局采取由数进院落组成的中轴对称式，在中轴线上依次建门厅、轿厅、过厅、大厅及住房，左右轴线上布置客厅、书房、花厅、次要住房及厨房、杂屋等，构成左、中、右二路纵列的庭院建筑群。大厅是宅院建筑艺术的重点，一般3间或5间，其装修陈设颇为考究。厅内大梁上雕刻精美的花卉图案，前廊天花有海棠轩、船篷轩、鹤颈轩等各种形式的轩顶，构成典雅秀丽的顶棚艺术结构。大厅与轿厅间隔墙处设置砖雕门楼，多以质地细腻的磨细青砖覆面，上面雕刻山水花鸟、人物走兽等图案。砖雕门楼盛行于清中叶，成为富贵人家炫财斗富的标志。住宅的庭院、天井多点缀山石花木，以增加生活情趣。大型住宅常在宅后或侧轴建造富有诗情画意的宅园。在苏州民居中，网师园住宅是保存最好的建筑之一。住宅位于宅园东部，有大门、轿厅、大厅、花厅及庭院二重，依中轴对称布置，是苏州民居的传统布局形式。大门前有宽敞的广场，铺地整齐，供停轿、马之用。大门采用将军门式，门前有一对抱鼓石。大厅名万卷堂，面阔5间，厅内装修讲究，陈设华丽。大厅前的砖雕门楼建于乾隆年间，高6米多，面阔3.2米，雕刻极其精美。大厅后面的撷秀楼，是宅主起居之室。登楼眺望，可观赏城郊灵岩、天平、上方诸峰景色。

安徽东南部的黟县、歙县一带，古属徽州，至今遗存大量的清代民居。徽州民居为平面规整的三合院或四合院的组合体，由于楼房居多，使天井显得更为狭小。住宅以白粉墙为主调，点缀着黑灰色的蝴蝶瓦顶和青灰色的磨砖门窗框、青砖的门罩和门楼，在青山绿水的辉映下，显得素净淡雅，清新隽逸。门楼和门罩上都装饰精美的砖雕和彩画，大多为鱼、鹿、蝙蝠、龟、鹤等吉祥图案。四周廊屋的隔扇、门窗、檐廊、栏杆、栏板等处，皆有精雕细刻的各式图案，梁架上的梁枋、瓜柱也有雕工精湛的装饰。这些雕饰繁复的部位与造型轻巧的飞檐式建筑融为和谐的艺术整体，充分显示民间建筑师和雕塑艺人的创造才能。

黟县西递村清代民居建筑群，是徽州民居的突出代表。西递村内122幢富丽多姿的民居建筑，至今保存完好，是清代住宅和村落面貌的真实写照。位于村中央的敬爱堂，是民居建筑群的主体建筑，整个村庄以它为中心布局。民居分布在3条街和40多条胡同，因地狭人稠，街巷十分窄小，相邻住宅之间常常只能让出一个屋檐的宽度。住宅大多为木结构二层楼房，其标准形式是一进两层楼房围成的三合院，中央为一长方形小天井。民居建筑的造型、屋面、屋脊、挑楼和墙面，变化多端，形式各异。建筑装饰的石雕、砖雕、木雕艺术，巧夺天工，令人赞叹不绝。各种圆形、方形、扇形的石雕漏窗，雕刻精巧的石雕门罩，用整块大型黑色大理石贴墙的门楼，以及窗槛、裙板、窗扇、网格、栏杆等处的精美雕刻，形态各异，技艺精湛，具有浓厚的生活气息，充分体现江南民间艺术的特色。

三、一颗印

一颗印是云南民居最常见的形式。这是一种小型的四合院建筑群，房屋设计采取"三间四耳倒八尺"的形式，即正房为两层楼房，面阔3间，在正房前左右侧各建耳房两间共4耳，在耳房前端临街处设八尺宽的杂用房，朝北向天井倒置，称为倒八尺。庭院中央为天井。因宅基为正方形，墙身高耸光平，窗洞很少，外形如同一颗方印，俗称一颗印。昆明等地临街建造的住宅，规模可增至两组一颗印纵向连接，铺面前檐筑厦子与倒座相连。宅门一般开在南部正中。住宅为穿斗落地木柱屋架，外面围绕土坯筑的高墙，梁枋、柱额、门板、窗扇多用青黑色油饰，檐下木雕略加彩色勾勒。这种民居，适应昆明地区四季如春的气候环境，具有抗风、防雨、冬暖夏凉的特点。

湖南西部花垣、凤凰、吉首等地的印子房，与云南的一颗印大同小异。这种住宅采用四合院形制，正房为两层木结构楼房，周围环绕高出屋面的封火山墙，状如一颗官印，故称印子房。庭院中央是狭小的天井。清代，湘西地区土司、地主、富商大户的住宅，大多为印子房。住

⬆ 一颗印是云南滇中地区的典型民居，以昆明及其周边地区为代表，整个云南省均有分布。诺邓古村，位于云南省大理州云龙县城西北，村中保留着大量的明、清两朝建筑和著名的玉皇阁道教建筑群，被称为"千年白族村"。

宅平面布局虽然单调，但正房与厢房之间错落有致，高低变化，使房屋造型美观，独具特色。

四、土楼

在中国传统民居中，造型最独特、最具传奇色彩的，莫过于福建的土楼。这种住宅是客家人为保护自己的生存而创造的建筑形式。客家祖先原居黄河中下游一带，晋代永嘉之乱后，几度南迁闽粤赣地区，当地人因他们是客籍户口称之为客家人。客家人居住之处，大都是偏僻的山区，为防野兽和盗匪，不得不聚族而居。他们根据自己的生活习惯和居住方式，就地取材，由庭院式住宅逐步改革，形成别具一格的民居——土楼。

土楼是以竹片、木条为筋骨，以生土、细砂、石灰为原料，夯筑而成的土木结构楼房。一般为二至四层，最高可达六层，数十户人家共楼而居。土楼的防御能力很强，并有冬暖夏凉、日光充足等优点。现存清代土楼，多为乾隆、嘉庆年间建造，亦有少数建于康熙年间，历经几百年风雨侵袭，至今巍然屹立。土楼的形式各异，按外观造型分类，有方形、圆形和单体土楼。

方形土楼的基本形制为口字形，外形雄伟壮观，宛如古代城楼。早期方楼，庭院内除水井外无任何辅助房间，后逐渐增加辅助房间和公共房间，演化为"日""回""围"等多种形式，将庭院划分为若干小院。大门开在楼前中央，楼的四方都设楼梯。方楼集中在永定、龙岩一带。其中规模最大者，是永定区高洋的遗经楼。楼建于嘉庆十年（1805），占地 10 336 平方米，高 5 层，是三代人用 70 年时间建成的。龙岩市永定区坎市的业胜楼，也是一座著名的方楼。楼建于乾隆十五年（1750），采用三堂两横形式。大门开在楼西，入门至场院，南侧为私塾院及教师住宅；北侧的主房区有三进厅堂——前厅、大厅、中厅，两侧为长方形的建筑，当地人称为横屋。其中，前厅和中厅为穿堂，大厅是举行庆典饮宴的地方。正楼为住房，高五层，位于中厅之后。正楼后面，有一排半圆形房屋，用作仓库、畜圈、厕所等。

在各式各样的福建土楼中，最令人赞叹不已的是圆形土楼。圆楼是一种呈圆柱状的土楼，远望犹如一座座壁垒森严的堡垒，气势颇为壮观。圆楼的平面布局有许多变化，一般为一环，高 2 层，每层 16 间房屋，可住六七户人家；大型圆楼有三四环，环环相套，高 4 层，可住七八十户人家。圆楼中心的祠堂，是全族人议事、婚丧、礼仪等公共活动的场所。大型圆楼的底层和二层外墙开窗，底层房间多作厨房、畜圈和杂用，二层作粮仓，三层及以上作住房，向外开窗。遇到匪盗侵袭时，便将唯一的大门关闭，全族人可在楼内坚守数月。圆楼

福建土楼

主要分布在闽西、闽南一带。其中最负盛名者，是永定县古竹乡的承启楼。楼建于康熙年间，外径达 70 米，底层墙壁厚 2 米。整座建筑分内外三环，层高由外环向中心降低。外环为圆楼，共 4 层，每层有房 72 间；中环为二层楼，每层有房 40 间；内环为平房，有房 32 间。圆楼中心的四方形大厅，是全族人的公共活动场所。圆楼总面积为 5 376 平方米，房间总数达 400 间，最盛时居住 80 余户，多达六七百人。

单体土楼的外观如同城楼，墙体呈下宽上窄的倾斜形式，楼顶采用歇山式大屋顶。单体土楼可以组成各种形式的群体建筑，最具特色的是永定区湖雷、坎市、高陂一带盛行的五凤楼。五凤楼是在方形土楼的基础上将周围的房屋层数加以变化，使屋面呈现前低后高的形状，即南面的门屋为一层，东西面逐渐升为二、三、四层，北面为四层。这种土楼的外观很像一把依附在山坡下的太师椅，屋顶高低起伏，叠落有致，故名五凤楼。

第二节

窑洞式民居

>>>

窑洞是在黄土断崖处挖掘的洞穴。据考证，早在新石器时代晚期，华北地区已出现穴居式建筑和半地穴式建筑；在西安半坡遗址，已出现窑洞的雏形。长期以来，窑洞成为河南、山西、陕西、甘肃等黄土层较厚地区的主要民居形式。从宋代郑刚中《西征道里记》可知，当时陕西已有深达数里、曲折复杂的穴居。明清时期，窑洞制作技术得到较大提高，如门口设砖券等。与其他民居类型相比，窑洞具有施工便利、造价低廉、冬暖夏凉、不占用良田等优点。因此，尽管它存在采光不足、通风不畅的缺点，仍为北方少雨干旱的黄土地区广泛使用。窑洞一般分为3种，即靠崖窑、平地窑、锢窑。

一、靠崖窑

窑洞式民居是一种在黄土中开凿居住空间，紧密依附于大地的住宅。它没有其他建筑所具有的形体和轮廓，而是根据黄土层的厚薄和断崖的深浅，挖掘不同形式的窑洞。靠崖窑是在垂直崖面上开凿的窑洞。这种窑洞可沿山边、沟边开凿，不占耕地。如需要多室时，可将数洞相连，互相穿套；或上下开窑，建成数排窑洞；也可在窑洞前建房屋院落，形成靠崖院落。有的黄土崖壁很高，可以在窑洞上部再挖窑洞，称为天窑。天窑与地面之间用坡道或砖梯相连。窑洞一般宽三四米，深七八米，高三四米。为防止塌窑，常在洞内加砌砖券或石券，或在洞外砌砖墙，以保护崖面。洞内靠近门窗阳光较充足的地方建火炕，正面放案桌，窑洞深处用作贮藏室。靠崖窑中最为普遍的是在窑前加地面建筑，组成靠崖院落。如河南巩义市城西邙山山麓的康百万庄园，就是一处窑洞与房屋组成的院落住宅，有窑洞70余孔，房屋250余间。光绪二十六年（1900），慈禧西逃时曾在此休息。

二、平地窑

　　在某些没有高峻山崖可利用的地区，便在平地挖掘深坑，在深坑四周开凿窑洞，称为平地窑、地坑窑或天井窑。地坑深度要够及窑洞及窑顶上土层所需的高度，至少深 5 米，然后从坑壁向四面挖靠山窑洞。坑院各面窑洞的间数，根据需要及院墙长度允许而定，一至三孔不等；如三孔，则中间一孔为主室，两侧为耳房。这种窑洞可组成四合院式，四周各孔窑洞均面向中央，以庭院将分散的窑洞连接为有机的居住整体。窑洞的入口，多以坡道的形式联结庭院与地面，个别的在地面建一座门楼作标志，但大部分是直接进入地下。院内设渗井以排水。窑顶上是自然地面，可以作为道路或耕地。其平面形式，主要有正方形、长方形、圆形、椭圆形、三角形等。平地窑主要流行于河南巩义市、孟津、三门峡、灵宝及甘肃庆阳、山西平陆一带。河南巩义市的平地窑规模较大，院内排列着正房、厢房，周围环绕高墙，布局如同四合院，土壁外表作

| 平地窑 |

砖面防水并有精美的砖刻。甘肃庆阳大多为一户一窑，窑洞券形多为尖拱，窑脸十分简单，仅为一门一窗，体现出敦厚、朴实的风格。

三、锢窑

锢窑是在地面上用砖石或土坯建造的拱券式房屋。券顶上多敷以土层，做成平顶，农家可在房顶晾晒粮食。其布局以四合院为主。锢窑是窑洞式民居中造价最高的一种，它取窑洞冬暖夏凉的优点，但不受自然土层的限制，可在平地任意建造，而且通风采光条件得到较大改善。锢窑盛行于山西、陕西等地。陕北的延安、绥德、米脂、榆林一带的锢窑，多为砖石砌筑，窑洞正面为全木装修的大花窗，室内光线充足。山西平遥的锢窑，装饰十分华丽。院门前，迎面是一座考究的影壁。院落采用四合院式，正房一般为三开间的砖砌窑洞，多为平顶，顶上设置装饰性的小楼；厢房和倒座为单坡顶，厢房一般由二三个三开间窑洞组成，使院落形成长方形平面。正房当中一间为堂屋，室内用隔扇墙分隔，两侧房间靠前窗口处设火炕，墙壁上设有壁橱门。窑洞前的檐廊和门窗是装饰的重点，普遍雕刻精美的图案。大户人家的门口都设有高大的拴马桩，上面雕刻狮子或猴子。

第三节
干阑式民居

>>>

干阑式民居是一种用竹木建造的独立式楼房，下部架空，用来饲养牲畜或存放杂物，上部作居室。这种住宅在我国有悠久的历史，新石器时期的河姆渡文化遗址中已有发现。古代传说中的有巢氏就以构筑在树上的房屋为巢居，如《庄子·盗跖篇》所载："古者禽兽多而人民少，于是民皆巢居以避之，昼拾橡栗，暮栖木上，故命之曰'有巢氏'之民。"台湾学者林会承在《先秦时期中国居住建筑》一书中，对干阑式建筑产生的原因有较详细分析。他说："长江沿岸和其支流附近的洪水泛滥；太湖水域的陆沉导致土地沼化；满布杂草、丛林的南华地区，地面不易清理，同时难以防御虫蛇、猛兽；炎热多雨的天气，使山谷产生瘴气，同时大部分的土地潮湿，不适于居住；地形过于起伏变化，平坦地区比例过小，不利于营建；湖泊、池沼过多，使群居不方便，而在水中或沼泽中的住屋，可防止敌人、猛兽的侵扰等，都是原因之一。当然原始宗教和生活习惯也是不能排除的原因之一，只是尚缺乏资料的证实。而最重要的前提是，这些地区有丰富的林木。"[1] 干阑式建筑具有通风隔潮和防止虫蛇、野兽侵扰等优点，对于气候炎热、潮湿多雨的云南、贵州、广东、广西等地区非常适用，直到清代仍是居住在这里的傣、侗、壮、布依、苗、景颇等族的主要住宅形式。然而，由于各民族生活习惯和居住环境的不同，各地的干阑式民居在造型特征、内部空间、材料做法等方面各具特色，异彩纷呈，如傣族的竹楼、壮族的麻栏、侗族的吊脚楼、苗族的半边楼、布依族的石板房、黎族的船屋等。

一、竹楼

竹楼是西南地区傣、苗、壮等族的传统民居，以云南西双版纳地区最为典型。这种干阑式民居起源于魏晋南北朝时期。当时，居住在西南地区的少数民族已建有竹楼，时称干栏。其后，史书记载的名称各异，如《梁书》称"干阑"，《新唐书》称"干栏"，唐代樊绰的《云南志》记为"楬栏"，至元代始称"竹楼"。

在河水溪流两岸的西双版纳傣族村寨，翠竹绿树掩映着一幢幢风光绮丽的竹楼。竹楼平面多为方形，以竹或木为梁柱，在离地七八尺处用竹篾或木板做成围护墙，屋顶覆盖茅草编织的草排。竹楼下层的四周空

---

① 转引自郭湖生主编《东方建筑研究》下册，天津大学出版社，1992年版，第32页。

无遮拦，用以饲养牲畜及堆放杂物。楼梯旁有前廊和晾台。前廊的屋檐下铺设简易竹台，供纳凉用。晾台在当地称为展，是用竹子做成的晒台，用来晾晒衣物。竹楼上层用竹篱笆墙隔为堂屋和卧室。外间为高大宽敞的堂屋，屋子中间铺着大块竹席，供全家吃饭、休息和接待宾客使用；近门处设有火塘，供烹饪、取暖和照明，无论冬夏，燃烧不熄。内室为主人卧室，全家老少隔帐以居，席楼而卧。宾客不得进入卧室。屋内家具，如桌、椅、箱、笼等，大多用竹子制成。

傣族竹楼的造型轻巧灵活，新颖别致。竹楼的屋顶高大陡峭，类似汉式的歇山顶，当地称为孔明帽。为增加堂屋和前廊的面积，有的竹楼在屋顶下另作披檐，使屋顶呈两折，出檐深远。为稳定出檐，竹楼的外墙略向外倾斜，使整座竹楼呈现上宽下窄的独特造型。这与其他民居垂直的墙面迥然相异。墙壁上开窗不多，但阳光和风能从竹壁缝隙中透入，使室内空气流通，凉爽舒适。竹楼顶部较高敞，山花面较大，常用竹篾编成方格植物图案作装饰。竹楼的四周种植芭蕉、椰子、月桂、棕榈、凤尾竹等树木花草。掩映在劲秀挺拔的树木和婆娑苍翠的竹丛之中，竹楼显得楚楚动人，更添热带雨林风情。

云南德宏州瑞丽的傣族竹楼与西双版纳的傣族竹楼略有区别。瑞丽的竹楼分为干阑和平房两部分。干阑式建筑是堂屋和卧室，平房用作厨房等辅助房屋。干阑的平面多为长方形，屋顶虽为歇山式，但屋脊较长，在屋顶下不另作披檐。

二、麻栏

广西壮族称干阑式建筑为麻栏，壮语意为回家住的房子。麻栏在宋代史籍中已有记载，如周去非《岭外代答》云："编竹苫茅为二重棚，上以自处，下居鸡豚，谓之麻栏。"

因各地区地形的差异，麻栏分为全楼居麻栏和半楼居麻栏。全楼居麻栏盛行于桂北地区的三江、龙胜等县。这一带以山区为主，木材资源丰富，多采用全楼居木结构住宅。麻栏一般进深四间，面阔三至五间，高二层，体形庞大者高三层。底层围以简易的栅栏，用作畜圈、厕所或存放杂物。二层为居住层，采取前堂后室的布局。二层前部为望楼及外廊，中部设堂屋，作为日常起居、宴请宾客、家族聚会之处，是住宅最重要的场所。堂屋左右设耳房、火塘间、厨灶等。楼梯间两侧设客房或贮藏室。卧室位于堂屋后面，在明间卧室壁板上部设神龛。全楼居麻栏在建筑手法上喜分层出挑，在山墙加建偏厦或横屋，使屋顶高低错落，外观造型轻盈活泼，变化多端。半楼居麻栏集中在以丘陵坡地为主的宜山地区。由于木材缺乏，便采用夯土砌筑的半楼居麻栏，将下边支柱层的一半座于台地上，另一半加设围栏作畜圈或堆放杂物。麻栏一般为三开间，结构为硬山搁檩式，由端侧的石楼梯上至二层。二层是居住层。堂屋位于二层正中，左右各有两间卧室，堂屋后部设神龛和祖宗牌位。卧室上部设阁楼。

壮族麻栏是适应当地的自然环境而产生的建筑形式。麻栏的外观以完全的楼房形态出现，内部按居住功能合理布局，不愧为干阑式民居中建筑水平较高的一种类型。

三、吊脚楼

侗、苗、布依、土等族的干阑式民居别具一格。为防潮湿和毒蛇猛兽的侵扰，他们在溪河边、山崖上修建起了一座座造型奇特的吊脚楼。其中，最负盛名的是贵州东南部黎平、榕江、从江、锦屏等地的侗族吊脚楼。

贵州东南部山区盛产木材，特别是杉木，侗族民居便因山就势，就地取材，建成全木结构的吊脚楼形式。所谓吊脚楼，即用木柱作撑柱悬空而建的楼房。一般楼面高二至四层不等，面阔二至六间，楼下一排排架空的木柱，给人一种腾空而起的崇峻感。吊脚楼按功能分层，底层圈养牲畜和存放农具，二层为居住层，顶层阁楼用作贮藏室。底层作用与壮族麻栏大体相似，但更加重视围护结构，四周封以细木板壁，在外观上完全是楼房完整的一层。二层的前后檐用吊柱挑出，前檐金柱与檐柱之间为宽敞的外廊。沿廊外侧设置靠凳，供人们休息和纳凉。堂屋位于二层正中，两侧为卧室。有的吊脚楼建在平地，甚至几幢连排建造，各家廊檐相通，成为节日欢庆活动的场所。这种宽廊式的吊脚楼，是侗族民居的显著特色之一。

🔺 凤凰古城的吊脚楼起源于唐宋时期。唐垂拱年间，凤凰吊脚楼便有零星出现，至元代以后渐成规模。吊脚楼里居住有苗、汉、土家等民族。

四、半边楼

居住在贵州东南部的苗族民居，是当地人称为半边楼的半楼居。相传远古时代苗族生活在长江中游平原，后避乱西迁到贵州。他们依山就势建造的半边楼，是利用山区地形，由干阑楼居向地居发展的一种过渡形态。

半边楼是一种半楼半地的平面空间组合住宅。苗族民居的外观造型多为对称性较强的三间两磨头式，即正中为三开间一字形平面，两侧的梢间改用披屋，形成歇山式屋顶。房屋外形虽简单规整，但在纵向上则分为两部分，即前部为楼居，后部为地居。居住功能按层划分。底层为半地下空间，用作畜圈和存放杂物。二层为半楼半地的居住层，多采取前室后堂的布局，前部正中为宽敞的退堂，堂屋位于其后，两侧分设火塘间和厨房。与一般干阑式民居由底层登梯入室的做法不同，半边楼是通过曲廊进入退堂，使室内外联系更为方便，同时也使前部楼房免受室内外高差限制。曲廊边设置美人靠。顶层为阁楼，用作粮仓，其面积之大为其他干阑建筑所少有。显然，半边楼是适应山区地形而建的民居，具有外观造型轻盈活泼，内部空间划分细致，利用较小的建筑面积获取最大容量的建筑特色。

第四节
其他民居类型

>>>

一、碉房

碉房，又称碉楼，是羌族、藏族的传统民居。碉房用土或石砌筑，屋顶为平顶，远望如碉堡，颇为壮观。《后汉书·西南夷传》所载冉駹人"依山居止，垒石为室，高者至十余丈"的"邛笼"，即为碉房。乾隆年间，清兵攻打四川的大小金川，当地藏民躲在房中坚守，久攻不克，于是，便将这种易守难攻的民居称为碉房。

羌族自古以来就有垒石建碉楼的习惯，迄今许多羌寨还保留清代建造的碉楼。碉楼分为居住碉、防卫碉、瞭望碉等多种。羌族生活在高原地区，房屋多依山建造，房基分台逐层跌落，一般为二至三层。三层的居住碉，下层圈养牲畜、堆放杂草及沤粪；中层住人，有卧室、贮藏室、火塘等；上层堆放粮食及杂物。两层的居住碉，底层住人，二层贮藏粮食及堆放杂物，牲畜圈另设在碉旁。房顶上均有平台，用于晒粮食、休息、歌舞等。两家碉房之间的平顶上搭一块木板，以便相互往来。防卫碉是为防御外族侵略和内部械斗而建造的，发生敌情时进碉防

藏族碉楼遗址

▲ 碉楼遗址，除西藏境内保存有碉楼建筑外，四川西部高原的广大藏族地区也有广泛分布，如阿坝地区的马尔康、黑水、大小金川、汶川等地，甘孜地区的康定、丹巴至岷江上游一带。

卫，一般为六七层，高者可达十三四层，上细下粗，四壁筑有枪眼。防卫碉或在山寨中心单独修建，或与居住碉连为一体。许多羌寨成片的墙垣高垒，碉楼林立，有完备的防御体系，犹如一座壁垒森严的城堡。瞭望碉大多建在山寨附近的制高点上，一旦发生紧急情况，便在碉楼顶上燃放烟火，以发出信号或呼叫邻寨救援。

藏族居住在西藏、青海、甘肃、四川等地高原地区。他们用块石砌筑的碉房，矮则二三层，高则四五层，楼层局部出挑，平顶屋，薄檐口，外墙下宽上窄，有明显收分，实墙全是材料本色，显得朴素古拙。藏族碉房一般底层作畜圈杂用；二层为居住层，大间用作居室、卧室、厨房，小间用作储藏室；三层为经堂和晒台，经堂是最神圣的地方，面东或面南。西藏的碉房大多建在山顶或河边，用土坯、夯土或石块砌筑墙体，外墙有明显收分，显得墩厚、稳固。一般为三层，底层是牲畜圈房、草料间等，二层为居室、卧室，三层设经堂和平台，厕所在二层或顶层。西藏碉房具有较强的封闭性，底层不开窗或开狭长形小窗，越往上层开窗面积越大，窗口外部呈梯形，并抹制黑色的窗套，窗上为披檐。四川甘孜、阿坝的藏族碉房在内部结构和外观造型上与西藏碉房大体相同，但因该地区盛产木材，楼层上面多用半圆木作灯笼框或井干式木墙，屋顶平台边用木栏杆。这种部分墙面用横木和挑出木建筑的做法，使墙体产生石料与木料的明显对比，更富于变化情趣。四川碉房面积较小，三层的南向房间为争取阳光，开设较大的门窗。甘肃南部的藏族碉房受西北回族民居影响较大，外部用围墙形成院落，并摆设许多宗教性礼仪物品，如墙上立嘛尼竿，大门上设敬神台等。碉房外墙全是夯土墙抹泥，开窗较少，但内部装修颇为考究，除木隔断、木地面、木门窗外，还制作联墙的壁柜和壁橱，外檐装饰繁杂绮丽的棂格图案。

二、毡包

毡包，又称蒙古包，是蒙古、哈萨克、塔吉克等游牧民族的民居形式。毡包结构轻巧，拆装简单，携带方便，夏天可遮挡风雨，冬天可抗寒保温，是游牧民族的理想住宅。先秦时期已有此种建筑，因其外形长曲隆起，最初称为穹庐。北朝乐府民歌《敕勒歌》中"敕勒川，阴山下。天似穹庐，笼盖四野。天苍苍，野茫茫，风吹草低见牛羊"的诗句，形象地描绘了古代北方草原的壮美景色。清西清《黑龙江外纪》云："穹庐，国语曰'蒙古博'，俗读'博'为'包'。"

毡包是一种平面呈圆形的活动房屋，内撑以木栅或木架，外覆羊毛毡，用绳索紧紧勒住。小型毡包直径为4～6米，大者可达10余米，需在内部立2～4根柱子支撑。包架由上下两部分构成。下部由数根相等的柳条或其他木棍用毛绳连接而成，用时拉开，便成为圆形毡包的墙。上部把柳条互相衔接，绑在网状骨架的顶端。毡包正中有一直径三四尺的木质圆框，上面雕刻花纹，是通风采光用的天窗。骨架搭好后，在外面铺设毛毡，用毛绳扎紧，然后在门口装包门，在天窗上覆盖

|蒙古包|

一块能收拢的特制毡毯。包门高约 1 米，宽约 0.76 米，朝向多为南或东南。大型的毡包，常在门外增设汉式板屋，作为进门的过渡空间，以防暴风侵袭。

毡包内的陈设有条不紊。室内正中设炉灶，用于取暖做饭，炊具置于门旁；右侧放木柜，柜上供奉佛像；后墙正中置木箱毡被，前为主人毡席，男子睡于右方，女子睡于左方。毡包外常用柳条围成院墙，作为庭院。院墙旁垒有畜圈，用于接羔、挤奶和圈畜。

以游牧为生的蒙古族，每到一处就张幕为庐。远远望去，这些洁白的毡包犹如朵朵白云，飘洒在一望无际的绿色草原上，为草原风光增添异彩。

三、阿以旺

聚居在天山南北的维吾尔族，是新疆地区主要的民族。在长期的实践中，维吾尔族人民因地制宜，就地取材，创造出具有鲜明民族特色和浓郁地方风格的民居建筑。例如天山南麓的吐鲁番盆地炎热少雨，缺乏木材，但土壤黏性好，早在汉、唐时期就流行隔热性能良好的土拱住宅，其地上建筑用土坯砌筑，平屋顶，草泥屋面，是酷暑严寒交替环境中的理想民居。北疆的伊犁地区冬季寒冷，多暴风雪，当地人民便采用土木结构的坡顶平房，房屋呈套间形式，双层门窗，保暖性能良好。新疆民居建筑中，最具代表性的是南疆喀什地区的阿以旺。

　　喀什地区属温带内陆性气候，干热少雨，风沙大，当地住宅多为木架平顶结构，居室分为冬室和夏室两部分。因维语中的"夏室"又称"阿以旺"，便将这种住宅称为阿以旺。至今喀什市尚存许多三四百年前建造的老宅。阿以旺住宅的庭院十分宽敞，院中种植花草果树，搭设葡萄架，成为整个住宅的活动中心。在维语中，阿以旺是明亮的居所或夏天的居室，实际是指庭院居室前的大厅。大厅是居室前部的宽廊，一般高 3.5～4 米，在木梁上排列木栅或考究的镂空花板，形成一种半室外半室内的空间。大厅内铺设地毯，装饰精美，光线充足，通风良好，因每年的 5～11 月都在厅内起居和会客，故称夏室。住宅的内室为冬室，室内铺设地毯，除了矮炕桌外，很少摆设其他家具，这与维吾尔族席地而坐的生活习惯分不开。室内墙壁上嵌有大小各式尖券式壁龛，墙正中的大壁龛叠放被褥，两侧的小壁龛放置碗盘等物品。墙壁四周粉刷彩色墙裙，檐口、内壁上缘布满石膏花贴面装饰，甚至连壁炉的炉身和炉罩也用石膏花纹作装饰。阿以旺住宅的外面用黄土抹面，形式简朴，室内却装修华丽，精雕细作，内外形成强烈的反差。

第七章

著名建筑师及著作

7

第一节
著名建筑师

>>>

　　清代宫殿、寺庙、陵墓、园林等大型建筑，都是集中全国的能工巧匠和征调各地的建筑材料修建起来的。中国古代悠久的文化传统和丰富的建筑工艺理论培养了清代的建筑匠师，是他们用自己的辛勤劳动和创造才能，建造了一座座令人瞩目的建筑丰碑。然而，由于封建统治阶级对科学技术和劳动人民的轻视，这些为清代建筑作出卓越贡献的工匠技师，是很难青史留名的。唯有张涟、梁九、雷发达等几位在全国首屈一指的建筑大师，或在《清史稿》上有轻描淡写的记载，或在某些文献中有零散的材料，才得以流传。其他为数众多、功高盖世的工匠技师，他们的辉煌业绩都消逝在历史的长河之中，难以寻觅。

一、张涟

张涟（1587—约1671），明末清初造园叠山艺术家。字南垣，华亭（今上海松江区）人，后迁居秀水（今浙江嘉兴市）。明末的松江华亭，曾涌现以著名画家董其昌、顾正谊、赵全、沈士充等为代表的一批杰出的山水画家，活跃着总称为松江画派的苏松、云间、华亭等三个山水画流派。生活在习画之风炽盛之乡的张涟，自幼学习绘画，师法倪云林、黄公望笔法，善画人物，兼工山水，为日后从事造园活动奠定良好的艺术基础。

画家出身的张涟深得山水情趣，遂以其意筑园圃、叠山石，成为著名的园林营造流派——山子张——的创始人。他在江南各地从事造园50余年，所造园林甚多，其代表作品有松江横云山庄、太仓乐郊园、常熟拂水山庄、嘉兴竹亭别墅、苏州东园等10余处，被誉为营园叠石

｜苏州园林｜

"江南第一"。他治园能巧思，精构图，主张将山水画法与园林构建结合起来，"所作平冈小阪，陵阜陂陁，错之以石。就其奔注起伏之势，多得画意。"①相传他造园时，先将乱石散布如林，然后四顾徘徊，默识在心。一旦胸有成竹，他便一边与园主闲谈，一边指挥工匠操作，让他们将某树、某石置于某处。安置妥当后，用铅锤、尺子测量，山石树木的尺寸不差毫厘。因此，他构园多曲岸、回沙、水石，不事雕琢而妙合自然，使园景与自然山水融为一体，达到"虽由人作，宛自天开"的艺术境界。

张涟30岁时即以造园叠山的精湛技艺而誉满天下。江南著名文人，如董其昌、陈继儒、钱谦益、王时敏、吴伟业、席本祯等与他交往甚笃。黄宗羲、吴伟业等曾为他作传，对他的造园艺术评价甚高。如黄宗羲称赞他"移山水画法为石工，比元刘元之塑人物像，同为绝技②。"清戴名世《南山集》卷七所载《张翁家世》称赞他"治园林有巧思，一石一树，一亭一沼，经君指画，即成奇趣，虽在尘嚣中，如入岩谷"。《清史稿》为他立有专传。此外，《华亭县志》《嘉兴县志》《松江府志》《嘉兴府志》等，都载有他的传记材料。

二、张然

张然（？—1689），张涟次子，清初造园叠山艺术家。字陶庵，原籍华亭（今上海松江区），后迁居秀水（今浙江嘉兴市）。他幼时即在其父的影响下习诗学画，成年后继承父业，在江南一带造园叠山。经他建造的名园，有太湖洞庭东山席本祯东园、茭田许氏园、武山吴时雅依绿园等。其中，席本祯东园为张涟、张然父子共同叠造。据清陆燕喆《张陶庵传》记载："往年南垣先生偕陶庵为山于席氏之东园，南垣治其高而大者，陶庵治其卑而小者。其高而大者，若公孙大娘之舞剑也，若老杜之诗，磅礴浏漓而拔起千寻也；其卑而小者，若王摩诘之辋川，若裴晋公之午桥庄，若韩平原之竹篱茅舍也。"陆燕喆在清初曾隐居太湖武

---

① 《清史稿·艺术传四》。
② 同上。

苏州园林景观

山之麓、锦鸠峰下，亲眼见过张氏父子在洞庭东山建造的园林。从他对张氏父子造园叠山技艺的盛赞之中，可见张然当时已名扬江南，成为著名的造园叠山艺术家。

　　顺治年间，清王朝开始在北京大规模营建皇家园林。大学士冯铨推荐张涟赴京师主持建造瀛台等宫苑。张涟因年事已高而辞谢，派张然进京供奉内廷。据乾隆年间阮葵生的《茶余客话》记载："涟既死，子然继之，在国初时游京师，如瀛台、玉泉、畅春苑，皆其所布置。"此外，王士禛《居易录》、赵翼《檐曝杂记》等均记载，张然在北京曾主持建造南海瀛台、玉泉山静明园、畅春园等大型皇家苑囿，并为大学士冯溥建造万柳堂，为兵部尚书王熙建造怡园。经他手所造的园林，山石花木布置精美得当，跬步之间，纳千崖万壑；楼台亭阁掩映于绿荫修竹之间，建筑景观与自然山水融为一体，处处充满诗情画意。一时间，张然在京师名声大噪，高官显宦争相邀其造园。这时，他已成为全国首屈一指的造园叠山名家。张然去世后，"京师亦传其法，有称'山石张'者。

世业百余年未替。"①

三、雷发达

雷发达（1619—1693），清代宫廷建筑匠师家族"样式雷"的始祖。字明所，原籍江西建昌（今江西永修县），明末随父迁居南京。康熙初年，他被征调到北京，任职于工部样式房，参加重建紫禁城宫殿工程。相传在太和殿工程上梁仪式中，金梁高举，卯榫悬而不合，众人焦急万分。此时，只见雷发达手揣利斧，爬上构架之巅，手起斧落，梁榫随声落入卯口。皇上大喜，当场任命他为工部营造所长班，负责内廷营造工程。不久，社会上流传这样的赞语："上有鲁班，下有长班；紫微照命，金殿封官。"

雷发达的子孙六代人都继承祖业，在样式房担任掌案，负责宫廷建筑的设计与施工。雷金玉（1659—1729）是雷发达的长子，"样式雷"的第二代。他继承父业，并投身于内务府包衣旗。雍正年间建造圆明园时，他担任圆明园楠木作样式房掌案，在圆明园建设中发挥精工巧匠的作用。其后，雷氏家族的后人继续在样式房任掌案职务，直至清末。他们负责过北京宫殿、西苑三海、圆明园、清漪园、静宜园、畅春园、承德避暑山庄、清东陵和西陵等重要工程的设计工作。雷氏家族在设计过程中广泛制作和应用建筑烫样，供皇上和有关部门审查，所以人们称之为"样式雷"。

清朝灭亡后，雷氏家族日益衰败，便将家中积存的数千件图稿和百十盘烫样出售。北京故宫博物院保存部分图稿和烫样。烫样包括西苑三海、圆明园、颐和园、紫禁城、天坛、东陵诸处，尤以用于修复圆明园的烫样最多。图稿中大多为北京城建筑组群的总体平面图。在每座房屋的平面图上，都详细注明面阔、进深、柱高的尺寸、间数及屋顶形式。这些宝贵的图稿和烫样，是了解清代建筑和设计程序的重要资料。

————————

① 见《清史稿·艺术传四》。

| 天坛祈年殿 |

🔺 祈年殿是天坛的主体建筑，又称祈谷殿，是明清两代皇帝孟春祈谷之所。它是一座鎏金宝顶、蓝瓦红柱、金碧辉煌的彩绘三层重檐圆形大殿。祈年殿采用的是上殿下屋的构造形式。大殿建于高 6 米的白石雕栏环绕的三层汉白玉圆台上，即为祈谷坛。

四、梁九

梁九是清初著名的建筑匠师，顺天府（今北京市）人。生于明天启年间，卒年不详。《清史稿》为他立有专传。他曾拜明末著名工匠冯巧为师。崇祯末年，冯巧年事已高，梁九在冯巧门下为徒多年却不得真传。然而，他并没有灰心，仍然恭谨地服侍冯巧。有一天，当只有梁九一人在身边时，冯巧对他说："子可教矣！"于是，冯巧将平生的绝活和技巧都传授于梁九。冯巧死后，梁九接替他到工部任职。[1] 清初，宫廷内的重要建筑工程都由梁九负责营造。

康熙三十四年（1695）重建被焚毁的太和殿时，梁九虽已是70多岁的老人，但仍主持大殿的设计和施工。动工之前，他亲自制作1：10的太和殿建筑模型，其形制、构造、装修一如实物。按此模型施工，准确无误，使太和殿的重建工程得以圆满完成。

五、戈裕良

戈裕良（1764—1827），清代著名造园匠师。字立山，江苏常州人。他谙熟石涛"峰与皴合，皴自峰生"的画理，常用拼镶对缝勾连法，以少量山石堆叠大型假山。他叠山不拘一格，视园林地势环境，将大小石块运用自如，创造婉转多姿、变化多端的艺术效果。他一生所造名园甚多，如苏州环秀山庄、仪征朴园、如皋文园、南京五松园、常州西圃、常熟燕园等。

环秀山庄假山为苏州园林之冠，素有"独步江南""天然画本"之誉。嘉庆十二年（1807），园主孙士毅请戈裕良在书厅前叠假山一座。此山虽然占地不多，但峭壁、洞壑、石室、崖道浑然一体，如同真山洞壑，被称为"奇礓寿藤，奥如旷如"，不愧为戈裕良造园叠山的代表作。

第二节
建筑著作

>>>

中国古代建筑在世界上是独树一帜的建筑体系，然而，由于封建统治者对工艺技巧的鄙薄，更由于中国古代重感性而轻理性思维模式的影响，使建筑理论与实践之间形成强烈的反差。中国古代对丰富多彩的建

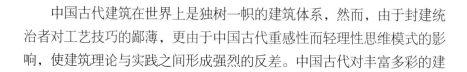

① 见《清史稿·艺术传四》。

筑实践进行科学总结的理论著作，犹如凤毛麟角。除先秦的《考工记》、北宋李诫的《营造法式》外，许多建筑典籍尚需在浩如烟海的古籍中去发掘。就拿元明两代来说，竟没有留下一部建筑方面的官书，显然与灿烂辉煌的建筑艺术成就极不相应。明末，造园家计成所著《园冶》一书，对明代的园林建筑和造园艺术从理论上进行系统总结，是一部重要的造园著作。

清代是中国漫长封建社会的最后一个王朝，也是对中国传统文化进行全面、系统总结的时代，在文化学术诸领域颇多建树。清代理应对中国古代建筑进行全面的理论总结，但遗憾的是，在建筑著作方面的成果却寥寥无几。值得注意的是，清初颁布的清工部《工程做法》，标志着官式建筑的高度标准化、定型化，对加快建筑速度和加强建筑管理，有重要意义；明末清初戏剧家李渔所著《闲情偶寄·居室部》，对园林借景、房舍构建、窗棂栏杆等均有精辟论述，成为继《园冶》之后的又一部重要著述。

一、《闲情偶寄·居室部》

明清时期，皇家园林和私家园林的空前繁荣，吸引许多文人参与造园活动。他们具有较高的文化艺术修养，在造园中表现出高雅的审美趣味，建造了一批充满诗情画意的园林。与此同时，他们对造园实践从理论上进行总结，或撰写造园专著，或在小说、戏曲、散文、笔记中阐述园林美学观点。李渔是明清文人造园家在园林建筑理论方面作出重要贡献的代表人物。

李渔（1611—1680），字笠鸿、谪凡，号笠翁，亦号觉世稗官、新亭客樵、随庵主人等。原籍浙江兰溪，生于江苏如皋。他精通诗文、戏曲、小说、造园等艺术，学识渊博，著述甚丰。《闲情偶寄》是李渔晚年撰写的一部论述戏曲、歌舞、建筑、园艺、器玩、烹饪等方面的杂著，初刊于康熙十年（1671），题为《笠翁秘书第一种》。雍正八年（1730），芥子园主人将该书收入《笠翁一家言全集》。《闲情偶寄·居室部》为园林建筑专篇，包括房舍、窗棂、栏杆、墙壁、匾联、山石等内容，对园林的审美特点发表许多精辟见解。特别应当指出的是，

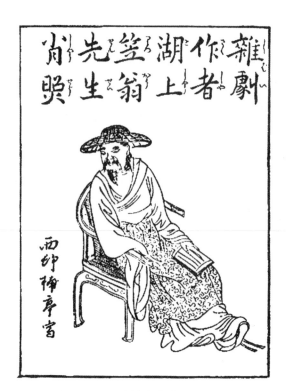

雜劇
作者
湖上
笠翁
先生
肖奬

西卯神亭寫

李渔画像

李渔善于造园，亲自设计建造了半亩园、伊园、芥子园等宅园，尤以半亩园的叠山艺术最为著称，被誉为京师之冠。正因如此，他才颇为自负地把"置造园亭"称为生平两大绝技之一。显然，丰富的造园实践和深厚的艺术修养，使这位著名的文人能够面对中国古代源远流长的园林艺术，面对明清之际蓬勃兴起的造园高潮，进行理论的概括和总结。

在园林建筑的设计上，李渔极力主张标新创异，反对一味模仿名园。他不无自豪地说："（自己）性又不喜雷同，好为矫异，常谓人之葺居治宅，与读书作文同一致也。譬如治举业者，高则自出手眼，创为新异之篇；其极卑者，亦将熟读之文移头换尾，损益字句而后出之，从未有抄写全篇，而自名善用者也。"在他看来，通侯贵戚不惜巨资修建园圃，从亭台楼榭到立户开窗、安廊置阁，园林建筑"事事皆仿名园"，即使模仿得惟妙惟肖，达到"纤毫不谬"的地步，也是没有出息的平庸之作。因为"以构造园亭之胜事，上之不能自出手眼，如标新创异之文人；下之至不能换尾移头，学套腐为新之庸笔，尚嚣嚣以鸣得意，何其自处之卑哉！"而名园之所以负有盛名，就在于"因地制宜，不拘成见，一榱一桷，必令出自己裁"，在园林中充分体现造园家的主体创造精神。为此，李渔强调园林建筑要表现造园家的个性，亭台楼阁、山石花木等客观景物，要成为造园家主观情感的表现形态，即"一花一石，位置得宜，主人神情，已见乎此矣"。他还对王公贵族以富丽、奢靡为美的造园倾向加以批评，认为"凡人止好富丽者，非好富丽，因其不能创异标新，舍富丽无所见长，只得以此塞责"。在他看来，造园一味追求富丽，正是缺乏创新精神，艺术才能衰竭的表现。

借景是中国古代创造园林景观美的重要手法，计成的《园冶》对此有精辟阐述。李渔在吸收计成思想成果的基础上，提出"取景在借"的审美命题，将借景扩展到居室、舟船等造园中的一切取景活动，从而使借景由一般的造园手段提高到创造园林景观美的基本原则。他在阐述窗栏的借景作用时，提出"开窗莫妙于借景"的观点。他认为，园林建筑中的窗栏不仅是园林景观的审美要素，而且是创造和扩展园林空间，使园林内外空间组成一幅幅天然图画的重要手段。如他所说："同一物也，同一事也，此窗未设以前，仅作事物观；一有此窗，则不烦指点，人人俱作图画观矣。"这是因为，园林建筑中的窗子是游园者在室内观赏外景的最佳角度，窗子犹如画框一样对窗外漫无边际的景色进行审美选择，将最佳景观展现在人们面前。李渔举例说，坐在湖舫的便面窗前，"两岸之湖光山色、寺观浮屠、云烟竹树，以及往来之樵人牧竖、醉翁游女，连人带马尽入便面之中，作我天然图画"。隔窗观望，取窗外各种各样的景色、人物为借景对象，就使园内外空间融为一体，构成一幅幅天然图画。不仅如此，随着湖舫的划行或摇动，以及景色和人物的时时变幻、刻刻异形，"一日之内，现出百千万幅佳山佳水，总以便面收之"。显然，这种应时、应地借景，处于一种丰富多彩的变幻之中的动态画面，是以窗子为审美中介进行的审美活动。李渔还进一步指出，湖舫的便面窗亦为岸上游人提供一个特定的审美视角。"此窗不但娱己，兼可娱人。不特以舟外无穷之景色摄入舟中，兼可以舟中所有之人物，并一切几席杯盘射出窗外，以备来往游人之玩赏。何也？以内视外，固是一幅便面山水；而以外视内，亦是一幅扇头人物"。由此可见，窗子虽小，却在园林景观审美中发挥重要的作用。

李渔还对园林建筑的目的进行深入阐述。他认为，园林建筑是以"一卷代山，一勺代水""变城市为山林"，使人在喧嚣的城市生活中，得到大自然的山野之趣，创造一个"致身岩下与木石居"的清幽环境。既然如此，造园叠山"自是神仙妙术""不得以小技目之"。他强调："垒石成山，另是一种学问，别是一番智巧。"园林建筑的布局与结构，山石树木的设置，并非单纯的技术问题，而是体现着园主的审美情趣，表现出高低优劣之分。对此，李渔有精辟论述："然造物鬼神之技，亦有工拙雅俗之分，以主人之去取为去取。主人雅而喜工，则工且雅者至矣；主人俗而容拙，则拙而俗者来矣。"所以，园林建筑虽属物质性的土石之类，实际上却是为园主"摹神写像"，是园主审美情趣的外在表现。

二、清工部《工程做法》

北宋末年，将作监李诫奉敕编修的《营造法式》，是中国古代影响最大的一部建筑工程规范，如今已成为研究唐、宋时期建筑的重要典籍。与之相媲美的，是清工部《工程做法》。它是清代官式建筑高度标准化、定型化的标志，代表清代建筑科学的发展水平。因此，"清工部《工程做法》和宋《营造法式》被认为是研究中国建筑的两部课本。"①

清工部《工程做法》由工部会同内务府主编，刊行于雍正十二年（1734）。清代初期，随着清王朝政权的巩固，开始在各地大兴土木。然而，为数众多的建筑工程却缺少成文规范，有必要进行统一整

---

① 见《中国大百科全书》"建筑园林 城市规划"卷，中国大百科全书出版社，1988 年版，第 560 页。

顿。清工部《工程做法》正是为加强官式建筑的标准化、定型化，以官方名义颁布的建筑工程规范。它的制订，对有关部门保证建筑工程质量、加强工程管理制度、掌握经费开支、验收工程等，提供了文字依据。

《工程做法》共74卷，大体分为各种房屋建筑工程做法条例和应用料例工限两部分。其中，第1～27卷论大木，列有27种定型房屋的大木设计及各部分的详细尺寸；第28～40卷论斗拱；第41～47卷分述装修作、石作、瓦作、土作、铜作、铁作、油作、画作等工种的特点；第48～60卷列出各作的用料额限；第61～74卷列出各作的用工定额。《工程做法》的应用范围主要是针对宫廷"营建坛庙、宫殿、仓库、城垣、寺庙、王府一切房屋油画裱糊等工程"而设，"修理工程仍照旧制尺寸式样办理"。书中规定的27种定型房屋，从九开间的庑殿顶宫殿、七开间的歇山顶宫殿到五檩硬山房屋、垂花门等，都有明确的名称和严格的等级。对于各种建筑类型的柱、梁、檩、椽等构件的尺寸，以及台基的高度、宽度等，都有明文规定。有关建筑装饰、装修方面的规定，比宋代《营造法式》更加详细，除明确区分油作与彩画外，还分别列出雕銮匠、菱花匠、砍凿匠、锭铰匠、镟花匠等专门工艺匠作。

清代官式建筑分为大式和小式。《工程做法》列举的27种定型建筑物，包括大式建筑23例，小式建筑4例。小式建筑只有普通的柱、梁、檩、椽等构件，大式建筑则增加角背、随梁枋、飞椽、斗拱等构件。清代官式建筑设计以斗口为基本模数，只要斗口等级确定，建筑物各部分的尺寸便随之确定。斗口按建筑等级分为11等，宽度最大为6寸，每等递减半寸，最小为1寸（1寸≈3.33厘米）。按《工程做法》规定，从地盘布局、间架组成，到构件大小、榫卯长短，多用若干斗口数来表示。如"凡面阔进深以斗拱攒数而定，每攒以口数十一分定宽""凡檐柱以斗口七十分定高"。各等斗口用于何种类型建筑，亦有明确规定。例如四等斗口，高6.3寸，宽4.5寸，用于城楼；五等斗口，高5.6寸，宽4寸，用于大殿；六等斗口，高4.9寸，宽3.5寸，用于大殿；七等斗口，高4.2寸，宽3寸，用于小建筑；八等斗口，高3.5寸，宽2.5

寸，用于垂花门、亭。① 只有不带斗拱做法的大式建筑，才直接用营造尺度量。

《工程做法》一书是中国古代木构架建筑体系高度成熟的产物。它使建筑式样标准化，建筑风格趋于统一，既可保证一定的建筑艺术水平，又不限制单体建筑形式的组合，是中国古代建筑艺术的辉煌成就。然而，建筑的标准化和定型化不可避免地造成建筑结构的僵化，这种缺陷在《工程做法》中得到明显体现。

① 见《中国建筑史》，中国建筑工业出版社，1982 年版，第 190 页。

后 记

这套丛书，历时八年，终于成稿。回首这八年的历程，多少感慨，尽在不言中。回想本书编撰的初衷，我觉得有以下几点意见需作一些说明。

首先，艺术需要文化的涵养与培育，或者说，没有文化之根，难立艺术之业。凡一件艺术品，是需要独特的乃至深厚的文化内涵的。故宫如此，金字塔如此，科隆大教堂如此，现代的摩天大楼更是如此。当然也需要技艺与专业素养，但充其量技艺与专业素养只能决定这个作品的风格与类型，唯其文化含量才能决定其品位与能级。

毕竟没有艺术的文化是不成熟的、不完整的文化，而没有文化的艺术，也是没有底蕴与震撼力的艺术，如果它还可以称之为艺术的话。

其次，艺术的发展需要开放的胸襟。开放则活，封闭则死。开放的心态绝非自卑自贱，但也不能妄自尊大、坐井观天：妄自尊大，等于愚昧，其后果只是自欺欺人；坐井观天，能看到几尺天，纵然你坐的可能是天下独一无二的老井，那也不过是口井罢了。所以，做绘画的，不但要知道张大千，还要知道毕加索；做建筑的，不但要知道赵州桥，还要知道埃菲尔铁塔；做戏剧的，不但要知道梅兰芳，还要知道布莱希特。我在某个地方说过，现在的中国学人，准备自己的学问，一要有中国味，追求原创性；二要补理性思维的课；三要懂得后现代。这三条做得好时，始可以称之为21世纪的中国学人。

其三，更重要的是创造。伟大的文化正如伟大的艺术，没有创造，将一事无成。中国传统文化固然伟大，但那光荣是属于先人的。

21世纪的中国正处在巨大的历史转变时期。21世纪的中国正面临着史无前例的历史性转变，在这个大趋势下，举凡民族精神、民族传统、民族风格，乃至国民性、国民素质，艺术品性与发展方向都将发生巨大的历史性嬗变。一句话，不但中国艺术将重塑，而且中国传统都将凤凰涅槃。

站在这样的历史关头，我希望，这一套凝聚着撰写者、策划者、编辑者与出版者无数心血的丛书，能够成为关心中国文化与艺术的中外朋友们的一份礼物。我们奉献这礼物的初衷，不仅在于回首既往，尤其在于企盼未来。

希望有更多的尝试者、欣赏者、评论者与创造者也能成为未来中国艺术的史中人。

史仲文

清代建筑雕塑史